AF565800

S A F R A N

Sandra Durrer
Urs Durrer

at Verlag

SAFRAN

DAS ROTE GOLD

ANBAU
GESCHICHTE
HANDEL
REZEPTE

Safran – viel mehr als nur ein Gewürz

Sie sind klein und unscheinbar - die roten Narben des Safrankrokus. Doch seit Jahrtausenden ziehen sie die Menschen in ihren Bann. Bei uns ist Safran vor allem als aromatisches und farbintensives Gewürz in der Küche bekannt. Sein Anwendungsgebiet ist aber um einiges vielfältiger, denn die roten Narben enthalten zahlreiche wertvolle Inhaltsstoffe. So eignet sich Safran beispielsweise für medizinische Anwendungen ebenso wie für die Kosmetikindustrie. In vergangenen Zeiten wurde er auch zum Färben von edlen Stoffen, in der Malerei und zum Imitieren von Goldschriften verwendet.

Um den viertausend Jahre alten Safrankrokus ranken sich viele Mythen und Legenden. So soll Safran gar aufgrund eines Missgeschickes entstanden sein, als der Götterbote Hermes beim Diskuswerfen versehentlich seinen Freund Krokos traf und dessen Blut in einen Krokus tropfte. Zeus und seine Gemahlin schliefen der Legende nach auf einem Bett aus Safrannarben. Und von Kleopatra heißt es, dass sie vor Verabredungen in Safranwasser gebadet habe.

Doch was macht Safran eigentlich so kostbar, dass sein Preis zeitweise an denjenigen von Gold gebunden war? Ist es der zeit- und arbeitsintensive Anbau, sind es die wertvollen Inhaltsstoffe oder ist es der einzigartige Geschmack? Der Wert von Safran zeigte sich beispielsweise im Mittelalter in der grausamen Bestrafung von jenen Krämern, die mit gefälschtem Safran handelten: Sie wurden bei lebendigem Leib verbrannt oder begraben, und das mitsamt der gefälschten Ware.

Safran hat von seiner Faszination bis heute nichts verloren. Im Gegenteil. In den vergangenen Jahren begannen immer mehr Produzenten mit dem Wiederanbau. Dieses Buch gibt einen umfassenden Einblick in die vielfältige

Verwendung von Safran, und das nicht nur in unserer Zeit. Es beschreibt die Herkunft der Pflanze, die historischen und aktuellen Anbaugebiete, den Handel sowie die Verwendung in der Färberei, Kunst, Medizin, Kosmetik und Kulinarik. Safranproduzenten aus der Schweiz, aus Österreich, Deutschland und Südtirol berichten über ihre Erfahrungen, und wer Safran selbst im Garten pflanzen will, erhält dazu eine Anleitung.

Seinen Aufschwung verdankt der Safran auch der zunehmenden Beliebtheit in der Küche. Im Rezeptteil präsentieren fünf hervorragende Köchinnen und Köche aus dem deutschsprachigen Raum einige ihrer Lieblingsgerichte mit Safran. Orientalischer Couscous, Halászlé, eine edle Rotbarbe oder eine Birnen-Tarte-Tatin mit Safran warten darauf, nachgekocht zu werden. Die Rezepte stammen von Anna Matscher aus Südtirol, Dirk Hoberg aus Deutschland, Max Stiegl aus Österreich sowie Gabriele Batlogg und Tino Zimmermann aus der Schweiz.

Wir bedanken uns herzlich bei den leidenschaftlichen Küchenprofis für ihre unverwechselbaren und inspirierenden Rezepte. Ein besonderer Dank geht an Dominik Flammer, Hadi Pirasteh Anosheh, Bernadette Kalteis und Paul Wyss, die uns bei diesem Buchprojekt unterstützt haben.

Sandra Durrer und Urs Durrer

1.

Name

Das rote Wüstengold

Das Wort Safran hat seinen Ursprung in der arabischen Sprache. Krokos hingegen stammt aus dem Altgriechischen.

Die Etymologie des Wortes Safran verweist auf den arabischen Ursprung. So heißt Safran auf Arabisch *Zafaran* und steht für »das Gelbe«, wobei die erste Silbe *Za* auf Gold hindeutet. Im Altpersischen hieß Safran *Zarparan*, was wörtlich übersetzt bedeutet: »Blume, die Gold oder goldene Federn auswirft«. Daraus entstand mit der Zeit der Begriff »Das rote Gold« oder auch »Das rote Gold der Wüste«, in Anlehnung an die karge Vegetation, in der Safran vor allem im Iran wächst. In der modernen persischen Sprache heißt Safran wie im Arabischen *Zafaran*.

Anders war die Bezeichnung im Althebräischen. Dort hieß Safran *Karkom*. Dieser Ausdruck findet sich an verschiedenen Stellen im Alten Testament. Im modernen Hebräisch wurde dann *Karkom* zugunsten des Namens »Safran« aufgegeben. Heute bezeichnet das arabische Wort *Kurkum*, in Anlehnung an das hebräische *Karkom*, nicht mehr den Safran, sondern Kurkuma, ebenfalls ein gelb färbendes Gewürz aus der Familie der Ingwergewächse, das auch als Gelbwurz bezeichnet wird.

Durch die Handelsbeziehungen gelangte das Wort *Zafaran* von der arabischen in die lateinische Sprache und wurde zu *Safranum*. Direkt über das Arabische, oder über die mittelalterlich-lateinische Form *Saffranum*, erfolgte dann die Verbreitung von der maurisch besiedelten Iberischen Halbinsel in die meisten westlichen Sprachen. So wird das Wort »Safran« heute in Europa überall ähnlich geschrieben: Safran in Deutsch und in Französisch, Zafferano in Italienisch, Azafrán in Spanisch, Açafrão in Portugiesisch, Saffron in Englisch, Sahrami in Finnisch, Shafron in Russisch oder Zaprana in Georgisch.

In Kaschmir ist die Bezeichnung für Safran eine ganz andere. Das kommt daher, dass im Sanskrit, der heiligen Sprache der Hindus, Pflanzen in der Regel nach ihrem Anbaugebiet benannt werden. So heißt Safran hier *Kashmirajanman*, was übersetzt »Produkt des Kaschmir« heißt.

Auf Altgriechisch hieß Safran *Krokos*. Dieser Name entstand durch die mythologische Erzählung des Dichters Homer über Krokos und Hermes. Das moderne Griechisch hingegen übernahm die Bezeichnung *Zafora*. Das altgriechische Wort *Krokos* wiederum floss in die lateinische und botanische Bezeichnung von Safran ein und wurde zu *Crocus sativus*.

2.

Botanik und Herkunft

Steril und mondsüchtig

Krokusse gibt es viele. Doch nur einer zählt zur Kategorie Extraklasse: der Safrankrokus mit seinen drei roten Narben im violetten Blütenkelch. Dabei ist die Pflanze mit lateinischem Namen Crocus sativus vor etwa viertausend Jahren rein zufällig in der Nähe von Athen entstanden.

Als Safran bezeichnet man eigentlich nur das Gewürz, das heißt die roten Stigmen oder Narben der Pflanze. Diese gehört zur Familie der Schwertliliengewächse und zur Gattung der Krokusse, von denen es rund 240 verschiedene Arten gibt. Aufgrund der Ähnlichkeit mit einer Zwiebel wird immer wieder behauptet, *Crocus sativus* sei ein Zwiebelgewächs. Korrekt handelt es sich aber um eine mehrjährige Knollenpflanze.

Botanische Systematik

Unterabteilung	Samenpflanzen (Spermatophytina)
Klasse	Bedecktsamer (Magnoliopsida), Monokotyledonen
Ordnung	Asparagales
Familie	Iridaceae
Gattung	Crocus
Art	Safran
Wissenschaftlicher Name	Crocus sativus

Im Gegensatz zu vielen anderen Krokusgewächsen blüht *Crocus sativus* im Herbst. Es handelt sich also um eine antizyklische Pflanze. Zu Beginn der Wachstumsphase im August bildet die Mutterknolle am unteren Ende feine Faserwurzeln. Im September beginnen die ersten Blätter zu sprießen, diese bezeichnet man oft auch als Safrangras. Etwa vier Wochen später entwickelt sich über Nacht die Sprossachse. Sie wird 8 bis 25 Zentimeter lang. Am oberen Ende öffnet sich die Blüte. Diese besteht aus sechs violetten Perigonblättern, die im Zentrum in die Blütenröhre münden. Darin befinden sich die drei gelben Staubgefäße oder Staubblätter und der mehrere Zentimeter lange Stempel, also der weibliche Teil der Blüte. Der Stempel besteht aus der Fruchtknolle, dem Griffel und den Narben. Der Griffel ist zuerst weiß, dann hellgelb und schließlich orange. Nach der Gabelung folgt der Übergang zu den drei roten Narben. Sie sind 2 bis 4½ Zentimeter lang und besitzen ein trichterförmiges Ende. Die Narben ragen oft seitlich aus der Blüte.

Pro Knolle entwickeln sich in der Regel bis zu drei Blüten, in Ausnahmefällen bis zu fünf. Gelegentlich wachsen zwei Blüten ineinander. Diese besitzen dann einen einzigen Griffel, aber mehr als drei Narben; sie werden bei fünf Narben als Prinzessin und bei sechs Narben als Königin bezeichnet.

Jede Pflanze besitzt am unteren Ende des Griffels einen tiefsitzenden Fruchtknoten mit vielen Samen, die jedoch steril sind. Der Grund dafür liegt in der Herkunft des *Crocus sativus*. Dieser ist vor rund viertausend Jahren aus der genetischen Verschmelzung zweier Individuen des *Crocus cartwrightianus* entstanden, die auf genetischer Ebene leichte Unterschiede besaßen. Dadurch besitzt der Safrankrokus einen dreifachen Chromosomensatz statt eines zweifachen und ist somit ein triploider Mutant. Das bedeutet, dass die Pflanze als genetisches Material drei homologe, gleichwertige Chromosomenpaare, bestehend aus vierundzwanzig Chromosomen, besitzt. Für die natürliche Fortpflanzung durch Bestäubung wäre aber ein zweifacher Chromosomensatz nötig. Das hat zur Folge, dass Safran seit mehreren Tausend Jahren lediglich durch die vegetative Fortpflanzung vermehrt werden kann. Das heißt aber auch: Beim Safran ist es nicht möglich, die Eigenschaften der Pflanze durch das Kreuzen verschiedener Knollen zu verbessern. Alle Safranpflanzen sind genetisch praktisch identisch.

Ist Safran mondsüchtig?

Der Safrankrokus blüht lediglich ein bis drei Tage, wobei die Hochblüte häufig um den Vollmond herum stattfindet. Die Blüte schließt sich in der Nacht nicht, sodass die Pflanze deshalb oft als mondsüchtig bezeichnet wird. Danach konzentriert die Pflanze ihre ganze Kraft in das Wachstum der Blätter und in die Vermehrung der Knollen. Im Verlauf des Winters verfärben sich die sechs bis fünfzehn Safranblätter von hell- zu dunkelgrün mit einer silbergrauen Schattierung in der Mitte. Sie werden bis zu 50 Zentimeter lang. Gleichzeitig wachsen im Boden auf der Oberseite der Mutterknolle eine oder mehrere Tochterknollen, und die Faserwurzeln der Mutterknolle verankern sich mehrere Zentimeter tief im Boden.

Crocus sativus ist übrigens nicht die einzige Krokusart, die im Herbst blüht. Andere Arten sind beispielsweise der Siebenbürger Herbst-Krokus *(Crocus banaticus),* der Pracht-Herbst-Krokus *(Crocus speciosus)* oder der Pyrenäen-Herbst-Krokus *(Crocus nudiflorus).* Keine Krokusart ist die Herbstzeitlose *(Colchicum autumnale).* Sie zählt zu den Liliengewächsen, nicht zu den Schwertliliengewächsen. Zu *Crocus sativus* besteht keine Verwandtschaft.

Forschung kommt dem Geheimnis auf die Spur

Seit rund hundert Jahren versucht die Wissenschaft herauszufinden, in welcher der vielen Wildarten der heutige Safran seinen genetischen Ursprung hat. Von diesen Ursprungsknollen ausgehend, wäre eine Zucht möglich. Man könnte demzufolge Veränderungen in das Krokus-Genom einbringen und neue Safransorten züchten, die beispielsweise ertragreicher wären und sich ganz einfach über die Bestäubung fortpflanzten.

Im Jahr 2019 ist es Forschern der Technischen Universität Dresden gelungen, die Entstehung des *Crocus sativus* nachzuvollziehen und seinen Ursprung mittels molekularer und zellgenetischer Methoden zu bestimmen. Nach dem Vergleich von DNA-Sequenzen und der Chromosomenstruktur von Knollen unterschiedlicher Herkunft konnten sie feststellen, dass die vermuteten Ursprungsknollen nicht von verschiedenen Arten stammen. Der Safrankrokus hat nur eine Stammart: den Wildkrokus *Crocus cartwrightianus.*

Das Forschungsergebnis der Technischen Universität Dresden konnte fast zeitgleich durch eine unabhängige, komplementierende Studie des Leibniz-Instituts für Pflanzengenetik und Kulturpflanzenforschung (IPK) im deutschen Gatersleben bestätigt werden. Diese untersuchte und verglich das Erbgut und die Chloroplasten der diversen wilden Krokusarten mit denjenigen des *Crocus sativus*. Dabei kamen die Forscher eindeutig zu dem Schluss, dass *Crocus cartwrightianus* in der Tat der alleinige Vorfahre des Safrankrokus ist. Die Untersuchung ergab zudem, dass die örtliche Herkunft von *Crocus sativus* in der Region Attika liegt, einer Gegend um die griechische Hauptstadt Athen. Der *Crocus cartwrightianus*, der in dieser Gegend wächst, weist nämlich die größten Gemeinsamkeiten mit dem *Crocus sativus* auf.

Crocus cartwrightianus

Der *Crocus sativus* hat seinen Ursprung im Wildkrokus *Crocus cartwrightianus*. Dieser blüht ebenfalls im Herbst von Oktober bis Dezember und weist viele Ähnlichkeiten mit dem *Crocus sativus* auf. So sind die Blütenblätter ebenfalls violett, die Staubblätter gelb und die Narben rot. Sie sind allerdings wesentlich kürzer als beim *Crocus sativus*, nur leicht aromatisch und besitzen eine bittere Note. Der Geschmack ist mit dem des *Crocus sativus* nicht vergleichbar. Dieser Wildkrokus besitzt einen diploiden, also lediglich zweifachen Chromosomensatz, sodass er sich im Gegensatz zum Safrankrokus auf natürliche Weise vermehren kann. Für die Fortpflanzung ist somit keine Teilung der Knollen notwendig. Zudem blüht er in Büscheln, pro Knolle blühen bis zu zehn Blüten. *Crocus cartwrightianus* findet man in natürlichen Vorkommen in der Ägäis, aber auch auf Kreta wächst er, dort inmitten des immergrünen Busch- und Strauchwerks, *Phrygana* genannt, auf Rasenflächen und in Kiefernwäldern. Es gibt von ihm auch eine weiße Variante, den *Crocus cartwrightianus albus* (Seite 21).

Safrankulturen gibt es seit viertausend Jahren

Wann genau *Crocus sativus* aus einer Mutation des Wildkrokus *Crocus cartwrightianus* entstanden ist, konnten Wissenschaftler bis heute nicht exakt nachweisen. Man geht davon aus, dass der Safran, wie wir ihn heute kennen, mehr als 3700 Jahre alt ist. Vermutlich entstand er im Zeitraum von 2000 bis 1700 v. Chr. und wurde erstmals von den Minoern kultiviert. Diese bildeten von 2600 bis 1450 v. Chr. auf Kreta die erste Hochkultur Europas und waren eine Wirtschafts- und Handelsmacht mit großer Schiffsflotte. Archäologische Funde belegen, dass sie Safran in großen Mengen anbauten, damit handelten, ihn zum Färben benutzten und als Medizin einsetzten. Im Gegensatz zu früheren Kulturen war die Safranblume bei den Minoern häufig ein Sujet auf Töpfen, Schüsseln, Steintafeln, Siegeln, Schmuck und Fresken. Dabei stellten sie die Blume immer mit langen, aus der Blüte herausragenden Narben dar, der Wildkrokus hatte jedoch kurze Narben. Diese Besonderheit gilt als Indiz, dass bereits die Minoer *Crocus sativus*, also den heutigen Safran, kultivierten.

Eine Vielzahl solcher archäologischer Funde, welche die Krokusblume erstmals mit langen Narben darstellen, fanden Wissenschaftler während Ausgrabungen beim Königspalast des antiken Ortes Knossos auf Kreta. Die Datierung der Gegenstände geht auf die Jahre 1700 bis 1450 v. Chr. zurück. Ein zweiter bedeutender archäologischer Fund aus der minoischen Kultur stammt aus Akrotiri (altgriechisch Thera) auf der griechischen Insel Santorini. Datiert sind die Ausgrabungen um 1600 v. Chr. Wie in Knossos sind auch in Akrotiri die Safranblumen stets mit sehr dominant in Erscheinung tretenden langen Narben dargestellt.

Da die beiden archäologischen Funde auf die Zeit zwischen 1700 und 1450 v. Chr. datiert werden, muss *Crocus sativus* also bereits zuvor kultiviert worden sein. Die großen Anbaumengen sowohl in Knossos als auch in Akrotiri (siehe Kapitel 4) deuten darauf hin, dass die Mutation von *Crocus cartwrightianus* zu *Crocus sativus* um einiges früher stattgefunden hat. Ein Zeitpunkt um 2000 v. Chr. ist gut vorstellbar.

Ein Fresko im Palast von Knossos zeigt einen Knaben beim Pflücken von Safranblüten mit langen Narben.

3.

Inhaltsstoffe

Duftend, gelb und bitter

0,0015 Gramm wiegt eine Safrannarbe im Schnitt. Eigentlich ein kleines rotes Nichts. Doch weit gefehlt. Die drei Narben sind vollgepackt mit wertvollen Inhaltsstoffen.

Insgesamt hat Safran rund einhundertfünfzig Inhaltsstoffe, von denen einige noch nicht erforscht sind. Die drei wichtigsten sind Safranal, Crocin und Picrocrocin. Safranal ist für Geschmack und Geruch verantwortlich, Crocin für die Farbe und Picrocrocin für die bittere Note. Biochemisch lassen sich diese drei Stoffe in ätherische Öle und Carotinoide aufteilen. Safranal und Picrocrocin gehören zu den ätherischen Ölen, Crocin zählt zur Kategorie der Carotinoide.

Safranal für das Aroma

Safran von guter Qualität enthält 0,4 bis 1,3 Prozent ätherische Öle, die sogenannten Terpene. Sie sind für die Geruchs- und Geschmacksstoffe verantwortlich. Das wichtigste Terpen im Safran ist das Safranal. Es macht über die Hälfte der ätherischen Öle aus und bestimmt das typische Aroma. Frisch geernteter Safran hat dieses Aroma noch nicht. Die Narben riechen in ungetrocknetem Zustand süßlich nach Honig und Rosen. Erst während des Trocknungsprozesses, wenn sich Wasser und Glucose vom Picrocrocin abspalten, entsteht das Safranal und somit das Safranaroma. In den ersten rund vier Wochen nach dem Trocknen und bis gut ein Jahr nach der Ernte intensiviert es sich weiter.

Picrocrocin für die Bitterkeit

Picrocrocin ist als Terpenglucosid ebenfalls in den ätherischen Ölen vorhanden. Es wird oft als Safranbitter bezeichnet, weil es auf der Zunge eine bittere Note hinterlässt. In den Gerichten ist die Bitterkeit jedoch nicht zu spüren, es sei denn, man verwendet zu viel Safran.

Crocin für die Farbe

Crocin gehört zu den Carotinoiden. Carotinoide bewirken eine gelbe bis orange-rötliche Färbung. Das bekannteste der rund achthundert Carotinoide ist das Beta-Carotin, das den Karotten ihre typisch orange Farbe verleiht.

Safran enthält verschiedene Carotinoide, unter anderem das Alpha-, Beta- und Gamma-Carotin, Lycopin und Zeaxanthin. Das mit Abstand wichtigste Carotinoid im Safran ist das Crocin. Dabei handelt es sich um einen wasserlöslichen Pflanzenfarbstoff. Er ist dafür verantwortlich, dass Safran gelb färbt. Ein Teil Crocin hat eine enorme Färbekraft und kann bis zu 100 000 Teile Wasser färben. Crocin ist aber nicht nur für die Färbung verantwortlich. Es wirkt im Körper antioxidativ und schützt so die Zellen vor freien Radikalen, weswegen Safran gerade bei gesundheitlichen Anwendungen von Bedeutung ist. Studien haben gezeigt, dass kaum eine andere Pflanze einen so hohen Anteil an Antioxidantien aufweist wie Safran.

Viele weitere Inhaltsstoffe

Bei der Qualitätsbestimmung von Safran ist Crocin der bedeutendste Wert, da er einen direkten Einfluss auf die beiden anderen wichtigsten Inhaltsstoffe hat. Je mehr Crocin im Safran enthalten ist, desto höher ist auch der Anteil von Safranal und Picrocrocin. Neben Safranal, Crocin und Picrocrocin sind im Safran auch viele andere chemische Substanzen enthalten, so der Aromastoff Isophoron, aber auch Mineralstoffe wie Kalzium, Kalium, Magnesium oder Eisen. Zudem enthält Safran diverse Flavonoide, also sekundäre Pflanzenstoffe mit antioxidativen und entzündungshemmenden Eigenschaften. Zu ihnen zählen Hesperidin, Quercetin, Rutin und Luteolin. Safran enthält außerdem Vitamin C, Vitamin B2 und geringe Mengen von Vitamin A. Von den über hundertfünfzig enthaltenen Inhaltsstoffen sind rund fünfzig Stoffe für den typischen Geschmack, den Geruch und die Farbe verantwortlich. Das erklärt, warum es so komplex ist, das Aroma von Safran zu entschlüsseln.

PORTRÄT

BEAT RUFFNER

SAFRANPRODUZENT, BÜNDNER HERRSCHAFT

»DER SAFRANKROKUS HAT ETWAS TROTZIGES AN SICH«

Mitte Oktober. Eine Vollmondnacht in der Bündner Herrschaft neigt sich dem Ende entgegen. Der Föhn, wie der Fallwind im Alpenraum genannt wird, sorgt für warme und trockene Luft. Die Temperaturen sind selbst in der Nacht nicht unter 20 Grad gefallen. Beat Ruffner und Jürg Adank sind früh auf dem Safranfeld. Während der vierwöchigen Blüteperiode öffnen sich die meisten der violetten Blumen innerhalb von vier bis fünf Tagen. Oft um den Vollmond herum. Viele bezeichnen den Safrankrokus deshalb als mondsüchtig. »Es gibt viele Faktoren, die einen Einfluss auf das Blühen haben«, erklärt Beat Ruffner auf seine ruhige, besonnene Art. Und nach einer kurzen Pause fügt er an: »Dazu gehören der Boden, die Temperatur, die Feuchtigkeit in der Erde und vermutlich auch der Mondzyklus. Obwohl es nicht wissenschaftlich belegt ist, habe ich es oft erlebt, dass der Safrankrokus tatsächlich rund um eine klare, warme Vollmondnacht am stärksten austreibt.«

So auch in diesem Jahr. Lange hatte sich im Boden nichts geregt. Die Ernte war verspätet. Und nun ist sie da. Zu Tausenden sind die Blüten über Nacht aus dem Boden gesprossen. Eine neben der anderen bilden sie einen violetten Teppich und warten auf die ersten Sonnenstrahlen. Dann öffnen sie sich und geben die drei kostbaren, roten Narben preis. Ruffner nennt es jedes Mal eine Überraschung, was ihn da erwartet. Und wenn die Hochblüte endlich da ist, sei es eine große Erleichterung. »Für mich hat der Safrankrokus etwas Eigenwilliges, gar Trotziges an sich. Einerseits ist da der umgekehrte Pflanzenzyklus mit der Blüte im Herbst. Andererseits erlebe ich ihn als sehr

zurückhaltend und unscheinbar, um dann in der Vollblüte so richtig aufzutrumpfen.« Dem trotzigen Auftreten der Pflanze versucht er ab und zu entgegenzuwirken. So gibt es immer wieder unerklärliche Lücken im Feld, wo nichts wächst. Im darauffolgenden Jahr bepflanzt er diese Stellen neu. Manchmal mit Erfolg. Manchmal aber auch ohne. »Dann gebe ich auf und überlasse es dem Safran zu entscheiden, wo er wachsen will.«

Safran als Ergänzung zur Trüffelplantage

Mit *Crocus sativus* hat sich Beat Ruffner bereits die Hälfte seines Lebens beschäftigt. Als Biologiestudent las er unzählige wissenschaftliche Arbeiten über Krokusarten. Für ihn war immer klar, später einmal selber mit dem Boden zu arbeiten und ein qualitativ hochstehendes Produkt herzustellen. »Ich wollte eine Tätigkeit ausüben, die zu meiner Geschichte passt, also die Leidenschaft für Pflanzen, Kulinarik und naturnahe Landwirtschaft vereinen. Im Prinzip das machen, was mir gefällt.« So gründete er die Firma ET AL, mit dem Ziel, innovative Spezialkulturen in der Landwirtschaft anzubauen, die Produkte zu verarbeiten und zu vermarkten. Aber nicht alleine. Der Name ET AL lehnt sich bewusst an die Quellenangabe bei wissenschaftlichen Arbeiten an, bei denen diese Bezeichnung »und andere Autoren« meint. Bei Beat Ruffner sind es einfach andere Personen, mit denen er die hochwertigen Produkte herstellt. Zu ihnen gehört Salome Schneider, welche die Firma seit Jahren tatkräftig unterstützt. Als Erstes pflanzten sie eine Trüffelplantage in Maienfeld. Der Safran war dann die Ergänzung dazu. »Ich war auf der Suche nach einer Kultur, die sich auf einer kleinen Fläche daneben anbauen ließ«, sagt Ruffner. Aufgrund seiner intensiven Recherchen über Krokuspflanzen war für ihn klar: »Ich wollte unbedingt einen Versuch mit Safran starten.«

2009 begann das Experiment. In der Schweiz war er damals einer der Pioniere, die außerhalb des Walliser Dorfes Mund Safran anbauten. Mit Erfolg. Die roten Narben stießen auf großes Interesse, und die Nachfrage stieg. So sehr, dass er inzwischen eine Kooperation mit Jürg Adank, einem weiteren Safranproduzenten aus Fläsch, eingegangen ist. »Für mich war immer klar, dass

Beat Ruffner (links) und Jürg Adank.

jede Erweiterung in Kooperation mit anderen Landwirten geschehen soll«, erklärt er. »Eine Zusammenarbeit ist immer befruchtend. Dabei kann jeder seine Stärken einbringen und das Produkt verbessern.« Inzwischen gehört die Kooperation von ET AL mit Jürg Adank zu den größten Safranproduzenten in der Schweiz. Auf 1000 Quadratmetern in Maienfeld und 4000 Quadratmetern in Fläsch wachsen rund 400 000 Knollen. Vom Safran allein kann Beat Ruffner aber nicht leben. Ein bis zwei Tage pro Woche arbeitet er als Mikrobiologe an der Eidgenössischen Forschungsanstalt für Wald, Schnee und Landschaft. Die restliche Zeit verbringt er in der Bündner Herrschaft und kümmert sich um die Trüffelplantage und den Safrananbau.

Für Bienen ein richtiges Festmahl

Die Erntezeit ist intensiv. Fast zwanzig Personen sind an diesem Morgen im Einsatz und pflücken die noch geschlossenen Blüten. Beat Ruffner geht in die Hocke, blickt über das Feld und hält einen Moment inne. Rund 30 000 dürften es sein, die an diesem warmen Morgen das Tageslicht suchen. Viel Arbeit wartet auf die Helfer. Ein Teil davon stammt wie in den vergangenen Jahren aus Eritrea. Es sind Flüchtlinge, die vom Amt für Migration für die Ernte vermittelt und für ihre Arbeit entlohnt werden. »Die meisten davon waren schon in ihrem Heimatland mit der Landwirtschaft verbunden. Es sind spannende Begegnungen. Jeder hat seine ganz besondere Geschichte. Und viele schließt man während der engen Zusammenarbeit ins Herz.«

Beim Hof türmen sich die geernteten Blüten. Sie warten darauf, dass die roten Narben von den fleißigen Helfern herausgeholt werden. Gleichzeitig krabbeln unzählige Bienen über die violetten Blütenblätter und arbeiten sich ins Herz der Blüten vor. Für sie ist es das reinste Schlaraffenland, so spät im Jahr noch an Pollen zu kommen. Einige sind fast betrunken vom Festmahl, das sich vor ihnen türmt.

Beat Ruffner nimmt eine Blüte, kappt die Safrannarben, schließt die Augen und riecht daran. Fast andächtig ist seine Haltung. »Der Duft erinnert mich an Honig und Jasmin. Ein feiner, lieblicher, aber eher einfacher Geruch«, sagt er. »Ich weiß nicht, weshalb. Aber bei mir löst er Bilder an entspannte Frühsommertage im Burgund aus.« Und dies, obwohl die Zeit der Ernte hektischer nicht sein könnte. Pausen gibt es kaum. Die Nächte sind aufs Minimum beschränkt. Alles dreht sich nur ums Eine. »Und es gibt nichts, das nicht nach Safran riecht. Jedes Kleidungsstück, jeder Raum, ja sogar der Hund«, sagt der promovierte Biologe.

Trocknen mit hoher Hitze

Am späteren Nachmittag ist das Ergebnis sichtbar. Aus dem riesigen violetten Berg ist ein kleiner Hügel roter, glänzender Narben geworden. Zählt man all die geleisteten Arbeitsstunden zusammen, wird einem klar, weshalb Safran so teuer ist. Rund 80 Prozent des Gewichts gehen beim Trocknungsprozess verloren. Schließlich bleibt vom Tageswerk, an dem zwanzig Personen mitgearbeitet haben, ein winziges Häufchen übrig. 150 Gramm Safran. Ohne Gelbanteil. Höchste Qualität. Beat Ruffner überlässt in dieser Phase nichts dem Zufall. Unzählige Studien hat er über die drei wichtigsten Inhaltsstoffe Safranal, Crocin und Picrocrocin gelesen und sich für eine Methode des Trocknens entschieden. »Safranal, das für das eigentliche Aroma verantwortlich ist, entsteht unter dem Einfluss von Hitze. Deshalb führe ich unserem Safran kurzfristig hohe Temperaturen von über 90 Grad zu und trockne ihn anschließend schonend zu Ende. Dadurch entsteht nach meiner Meinung das beste Aroma.« Die große Hitze hat für den Mikrobiologen einen gewünschten Nebeneffekt. »Pilze und Keime sterben dabei ab. Das Produkt wird umso reiner.« Anschließend wird das rote Gold gelagert und nach rund drei bis vier Wochen, wenn sich das Aroma so richtig schön entfaltet hat, für den Verkauf bereitgestellt. »Die süßen floralen Noten sind dann nur noch ansatzweise geschmacklich präsent. Jetzt riecht der Safran staubig-herb. Und im Gaumen macht sich die safrantypische Bitterkeit breit.« Nach einer kurzen Pause beginnt Beat Ruffner zu schwärmen: »Das Spannende an diesem Gewürz ist, dass es, beim Kochen gekonnt eingesetzt, die Aromen anderer Zutaten ergänzt und unterstreicht, ohne zu dominieren. Safran zu hoch zu dosieren, ist hingegen der Tod für jedes Gericht.«

Interessengemeinschaft gegründet

All diese Erfahrungen rund um das rote Gold will der Bünder aber nicht für sich alleine behalten. Bereits vor einigen Jahren hat er zusammen mit der Zürcher Hochschule für Angewandte Wissenschaften Wädenswil und dem Naturpark Beverin eine Interessengemeinschaft im Kanton Graubünden gegründet. Ihr haben sich rund 30 Safranproduzenten angeschlossen. Von ganz kleinen bis zu den großen. Rund ein- bis zweimal jährlich treffen sie sich zu einem Erfahrungsaustausch und kaufen gemeinsam die Pflanzknollen ein. Für Beat Ruffner gilt auch hier das Motto »et al«. Oder anders ausgedrückt: Je mehr Produzenten sich finden, desto größer ist der Know-how-Transfer. »Die Schweiz hat noch viel Potenzial im Safrananbau. Hier aktiv mitzuwirken, ist sehr befriedigend.«

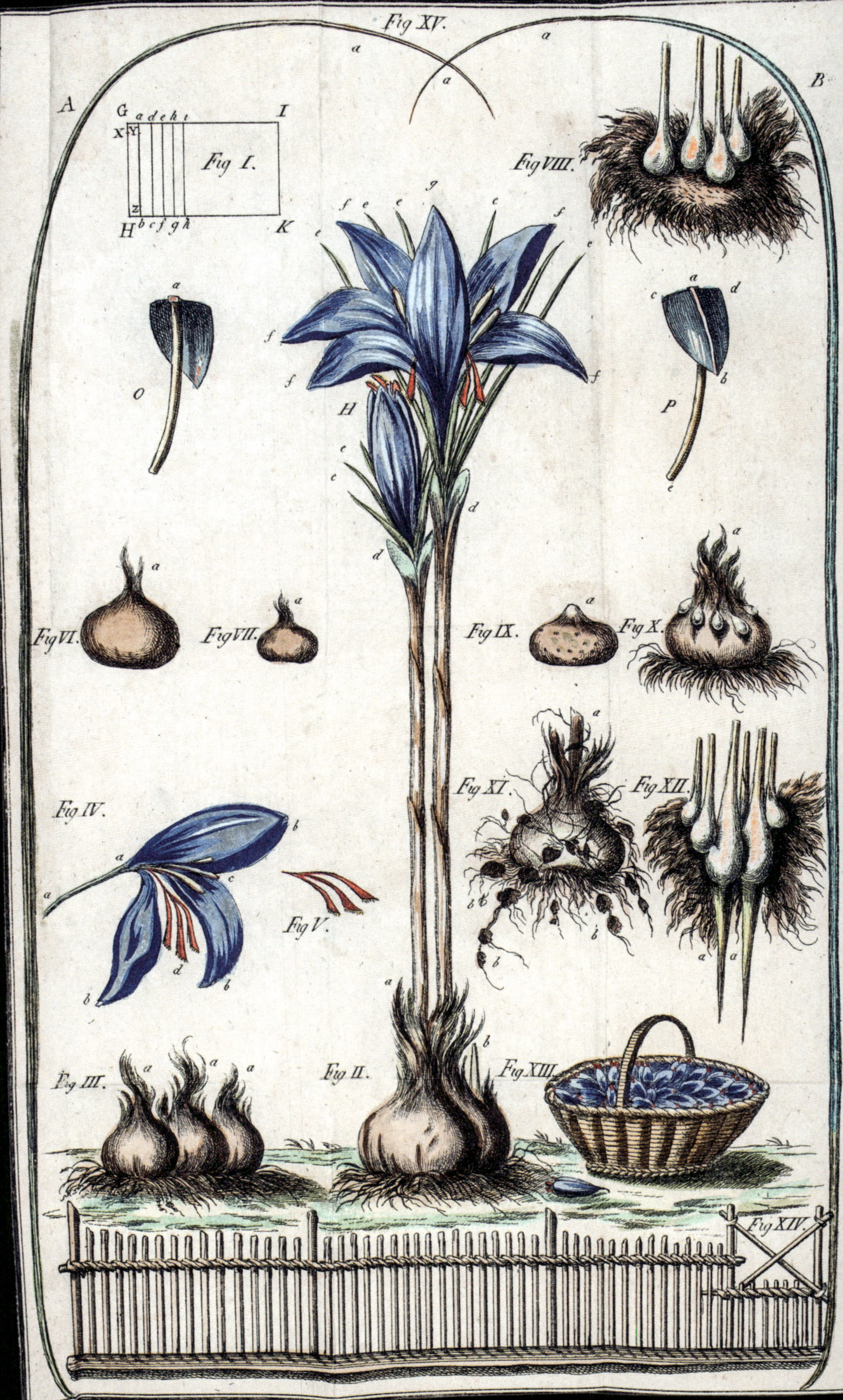
Fig XV.
A
B
Fig I.
G
I
H
K
Fig VIII.
O
P
H
Fig VI.
Fig VII.
Fig IX.
Fig X.
Fig XI.
Fig XII.
Fig IV.
Fig V.
Fig III.
Fig II.
Fig XIII.
Fig XIV.

4.

Safrananbau historisch

Begehrter Crocus austriacus

Die Heimat des Safrans ist Griechenland. Von dort breitete er sich rund um den Globus aus. Bald übernahm Persien die Vormachtstellung beim internationalen Anbau. Doch in Europa gab es ein Land, das einen exzellenten Safran produzierte und diesen gar in ferne Länder exportierte: Österreich.

Das älteste schriftliche Dokument, in dem Krokusfelder erwähnt sind, stammt aus Mesopotamien, einem Gebiet, das sich damals über Teile der heutigen Länder Türkei, Syrien, Irak, Kuwait und den Iran erstreckte. Dieses besagt, dass in der Zeit der Sumerer um 3000 v. Chr. im Gebiet zwischen den Flüssen Euphrat und Tigris Krokusfelder bewirtschaftet worden sind. Erstmals erwähnt wird das Wort Safran im Jahr 2300 v. Chr. in der gleichen Gegend. Azupirano lautete der Name einer Stadt am Flusslauf des Euphrat, was übersetzt »Safran-Stadt« heißt. Wissenschaftler gehen heute davon aus, dass es sich damals vermutlich nicht um den heutigen Safrankrokus, den *Crocus sativus*, handelte, sondern um die Wildart *Crocus cartwrightianus*.

Minoer bauten als Erste Safran an

Ziemlich sicher haben die Minoer etwa ab 2000 v. Chr. erstmals *Crocus sativus* angepflanzt. Die ältesten Belege sind Wandfresken in Knossos auf Kreta und in Thera (heute Akrotiri) auf der Insel Santorini. Sie konnten bei Ausgrabungen sichergestellt werden und stammen aus der Zeit von 1700 bis 1450 v. Chr. Eine Wandmalerei im Königspalast von Knossos zeigt einen Knaben mit einem Korb bei der Ernte auf einem Krokusfeld (siehe Seite 22). In Thera fanden Archäologen gleich drei große Fresken. Eine davon zeigt drei

Illustration des Safran-Lebenszyklus von Pater Ulrich Petrak im Hanbuch *Praktischer Unterricht den Niederösterreicher Safran zu bauen.*

junge Frauen beim Pflücken von Safran. Bei beiden Ausgrabungen fanden Wissenschaftler auch Gefäße mit Safranmotiven. Die Safranblüten sind jeweils mit überdimensionalen Narben dargestellt, was darauf hindeutet, dass es sich nicht um den Wildkrokus, sondern um *Crocus sativus* handelt. In Knossos fanden Forscher auch Steintafeln. Auf diesen wurden Gewichtsangaben über das Wiegen von Safran festgehalten. Die Angaben weisen darauf hin, dass mehrere Kilo des roten Goldes vor Ort gewogen worden sind. In Thera wurden zudem Gewichte gefunden, die vermutlich dazu dienten, größere Mengen Safran abzuwiegen. Beide Ausgrabungen lassen den Schluss zu, dass die Minoer damals beträchtliche Safrankulturen bewirtschafteten.

Persisches Grossreich intensivierte Anbau

Durch die Handelstätigkeit der Minoer gelangten die Safranknollen in den gesamten Mittelmeerraum und bis in den Vorderen Orient. Wann genau der Safran nach Persien kam, lässt sich heute nicht abschließend sagen. Erwiesen ist, dass er in der persischen Gesellschaft bereits sehr früh von großer Bedeutung war. Geschichtlich belegt existierten die ersten großen Anbauflächen um das Jahr 1000 v. Chr. im heute russischen Derbent am Kaspischen Meer und im iranischen Isfahan. Einige Quellen belegen Safranplantagen zwischen 700 und 550 v. Chr. in den Gebieten des Zagros- und des Alvand-Gebirges im Iran. Der persische König Darius ordnete um 500 v. Chr. an, Safran im Kaukasus anzupflanzen.

Vom späten 6. bis zum frühen 4. Jahrhundert v. Chr. dehnten die Perser ihren Machteinfluss stark aus. In dieser Zeit entstand das Achämenidenreich, auch Altpersisches Reich genannt. Es war das erste persische Großreich und erstreckte sich unter anderem über die Gebiete der heutigen Staaten Ägypten, Israel, Palästina, Libanon, Syrien, Zypern, Türkei, Irak, Iran, Afghanistan, Usbekistan, Tadschikistan und Turkmenistan. Um 550 v. Chr. kamen unter der Herrschaft von König Kyros II. weitere Ländereien hinzu, wie Teile der heutigen Staaten Griechenland, Bulgarien, Libyen, Pakistan sowie das Königreich Lydien. Dieses befand sich an der Mittelmeerküste Kleinasiens, der heutigen Türkei. Die Lydier beherrschten das Handwerk der Färberkunst, unter anderem mit Safran. Dafür kultivierten sie beim Berg Tmolos, der sich in der Nähe der Hauptstadt Sardes (heute Sart) befindet, große Felder mit Safrankrokus. Diese wurden durch Eroberungen unter persischer, später unter griechischer

Junge Safranpflückerin auf einem Wandbild in Thera (Akrotiri) auf der griechischen Insel Santorini.

und schließlich unter römischer Herrschaft weitergepflegt. Der Safran aus Tmolos galt lange Zeit als einer der besten überhaupt.

Das Altpersische Reich war für die Verbreitung des Safrans bedeutend. Im ganzen Reichsgebiet wurde die kostbare Pflanze angebaut und war nachweislich Teil der bewässerten Wirtschaftsgärten, die sich die Oberschicht leistete. Als Alexander der Große vom Frühjahr 334 bis März 324 v. Chr. auf dem sogenannten Alexanderzug das Altpersische Reich eroberte und bis nach Indien zog, breitete sich der Safran vermutlich in die Kaschmirregion aus. Dort entstanden die ersten Felder in Srinagar, Badugam und Pampore, das noch heute als Zentrum des Safrananbaus in Kaschmir gilt. Vereinzelte Quellen belegen, dass auch in anderen Regionen Indiens Safran angebaut worden ist, so in Gebieten der jetzigen Bundesstaaten Uttar Pradesh und Himachal Pradesh. Sie waren aber nie von großer Bedeutung. Über die Seidenstraße gelangte Safran schließlich bis nach China. Erste Erwähnungen über die Safrankultivierung im Land der aufgehenden Sonne finden sich um 200 v. Chr.

Griechen kultivierten Safran im Mittelmeerraum

Im antiken Griechenland nahm Safran ebenfalls einen bedeutenden Stellenwert ein. Große Anbaugebiete befanden sich auf Kreta, aber auch auf dem griechischen Festland. Safran wurde von den Griechen in großer Menge exportiert. Abnehmer waren sowohl die Ägypter als auch die griechischen Siedler, die ab 800 v. Chr. bis zur römischen Eroberung diverse Kolonien unter anderem im antiken Süditalien, in Sizilien, Libyen und in Südfrankreich aufgebaut hatten. In all diesen Gebieten kultivierten sie die kostbare Pflanze. Von allen Anbaugebieten nannte der griechische Philosoph und Naturforscher Theophrastos von Eresos um 300 v. Chr. dasjenige bei der libyschen Stadt Kyrene als herausragend. Für das alte Ägypten hingegen gibt es keine historischen Quellen über den Anbau von Safran, obwohl ihn die Ägypter sehr intensiv in der Medizin und als Färbemittel eingesetzt haben.

Römer verbesserten Anbaumethoden

Um 27 v. Chr. integrierten die Römer das antike Griechenland in ihr Reich. Bis ins Jahr 395 erlebten sie unter der Kaiserzeit ihre Hochblüte und die größte geografische Ausdehnung ihrer Gebiete. Der gesamte Mittelmeerraum, Mitteleuropa, Kleinasien und Teile von England kamen unter römische Herrschaft.

Die Römer ließen viele Elemente aus dem antiken Griechenland und dem orientalischen Raum in ihre Kultur einfließen. Dazu gehörte auch Safran. Er wurde zum Färben, in der Medizin, als Parfum und zum Kochen eingesetzt, blieb aber ein Gut für die Oberschicht. In der Zeit um Christi Geburt gab es verschiedene große Anbaugebiete. Einige befanden sich in der heutigen türkischen Mittelmeerregion, damals Kilikien genannt, so in Phaselis und den beiden antiken Städten Olympos und Korykos, letztere lag beim heutigen türkischen Ferienort Kızkalesi. Dort wurde Safran bei den Korykischen Grotten angepflanzt – wo übrigens gemäß der griechischen Mythologie der Kampf zwischen Zeus und dem Ungeheuer Typhon stattgefunden hat.

Andere Gebiete, in denen Safran intensiv kultiviert wurde, befanden sich bei der antiken Stadt Hadrianopolis, unweit der türkischen Stadt Eskipazar, bei der libyschen Stadt Kyrene, bei der antiken Stadt Karthago, die sich in der Nähe von Tunis befand, sowie auf Kreta. Auf dem heutigen Staatsgebiet von Italien lagen zur Zeit des Römischen Reichs die größten Anbauflächen auf Sizilien bei der Stadt Centuripe, bei den antiken Städten Hybla und Ragusa, auf Sardinien sowie in den Abruzzen. In Frankreich pflanzten die Römer die größten Kulturen in Gallia Narbonensis an. Diese römische Provinz umfasste das Gebiet vom Genfersee bis zum Mittelmeer sowie das gesamte Küstengebiet bis hin zu den Pyrenäen.

In der Römischen Kaiserzeit wurde die Landwirtschaft auf Befehl des Kaisers gezielt weiterentwickelt. Dadurch stellten die Römer die Versorgung mit Lebensmitteln sicher, die für die Expansion des Reichs notwendig waren. Ab dem Jahr 64 arbeiteten sie mit dem Radpflug und setzten beim Ackern die Egge, aber auch Walzen und Werkzeuge wie Spaten, Hacken und Rechen ein. Die Felder wurden bewusst bewirtschaftet und mit Gründünger fruchtbarer gemacht. Zu dieser Zeit verfasste der Schriftsteller Lucius Iunius Moderatus Columella mit dem zwölfteiligen Werk *Rei rusticae libri duodecim* eines der bedeutendsten noch erhaltenen Werke über die römische Landwirtschaft. Columella beschreibt hier auch den Anbau von Safran und bezeichnet ihn als ausgesprochene Nutzpflanze. Neben den Kulturen in Italien erwähnt er auch die Felder auf Kreta und jene bei den antiken Städten Tmolos und Korykos.

Während der Römischen Kaiserzeit bis 395 n. Chr. verbreitete sich Safran im gesamten römischen Reichsgebiet. Mit dem Ende des Weströmischen Reichs um 480 n. Chr. verschwand er dann jedoch fast vollständig in Europa.

Rückkehr des Safrans nach Europa

Es dauerte über zweihundert Jahre, bis Safran in Europa wieder heimisch wurde. Von 711 bis 719 drangen Mauren und Araber auf die Iberische Halbinsel vor und nahmen sie fast vollständig ein. Zudem besetzten sie Teile von Italien und Frankreich. Mit der Eroberung dieser Gebiete brachten sie auch diverse Kulturpflanzen mit, so die Mandel, den Spargel, die Schwarzwurzel und eben auch den Safran. In Spanien beanspruchte das Großbürgertum des maurischen Andalusiens das Recht für den Safrananbau für sich. Aber bereits nach kurzer Zeit fiel das Monopol, und es entstanden bedeutende Felder in La Mancha. Valencia war das Zentrum des Handels, verfügte aber auch selbst über große Anbauflächen.

Im Mittelalter wurde auch in großen Teilen Frankreichs Safran angepflanzt. Größere Kulturen fanden sich in der damaligen Provinz Angoumois, die weitgehend dem heutigen Département Charente entsprach, in der Region Poitou, bei den Städten Orange und Orléans, in der Region Centre-Val de Loire und bei Carpentras im Departement Vaucluse. Ihren Höhepunkt erreichte die Safrankultivierung in Frankreich im 17. Jahrhundert mit Anbauflächen im ganzen Staatsgebiet, von der Normandie bis ins Burgund, vom Périgord in die Provence und über den gesamten Mittelmeerraum. Das Zentrum des Anbaus bildete die kleine Ortschaft Boynes im Département Loiret, südlich von Paris. Von dort kam der Safran du Gâtinais, der ab 1698 kultiviert wurde. Landwirte pflanzten ihn in vielen Gemeinden um Boynes an. 1789 ernteten sie die enorme Menge von 30 000 Kilogramm. Der Safran du Gâtinais war damals in Europa so beliebt wie der österreichische Safran. 1869 betrug die Ernte noch 10 000 Kilogramm. Heute erinnert das Safranmuseum in Boynes an die ruhmreiche Zeit das Safrananbaus rund um das kleine Dorf.

Auch in Italien nahm die Safrananbaufläche ab dem Mittelalter stark zu. Große Felder gab es in Neapel, Kalabrien und auf Sardinien. Rund um Florenz entstanden im 13. und 14. Jahrhundert bedeutende Kulturen, so in Colle di Val d'Elsa, Volterra, Poggibonsi, Lucca, Siena, Contado, Cremona, Casalmaggiore und San Gimignano, wo Safran teilweise sogar als Zahlungsmittel zugelassen war. Die größten Safrankulturen befanden sich jedoch in der Provinz L'Aquila in Sulmona und vor allem auf der Hochebene von Navelli. Dort bepflanzten die Bauern im 16. Jahrhundert riesige Flächen, und es entstand der größte Safranmarkt Italiens. Der Wert des roten Goldes, den die Landwirte um 1760 in Navelli produzierten, wurde in Deutschland auf 800 000 Reichstaler geschätzt. Zum Vergleich: Ein Handwerkermeister verdiente um diese Zeit etwa 80 Taler im Jahr. 1830 wurden in L'Aquila noch 4500 Kilogramm Safran geerntet. Danach nahm die Produktionsmenge auch in Italien stetig ab.

Expansion nach England und Amerika

Im 14. Jahrhundert gelangte der Safrankrokus nach England und teilweise auch nach Irland. Zuerst wurde er nur für medizinische Anwendungen in Klostergärten kultiviert. Bereits nach kurzer Zeit waren die roten Narben jedoch auch in der Küche sehr beliebt, und der Anbau wurde intensiviert. In England soll der Safran zuerst in Cornwall um die Ortschaft Bude heimisch geworden sein. Später wurde er in der ganzen Grafschaft, aber auch in den östlichen Küstenregionen der Grafschaften Norfolk und Suffolk sowie im Distrikt South Cambridgeshire kultiviert. Am längsten hielt sich der Safrananbau im Norden der Grafschaft Essex, wo Cheppinge Walden als Anbau- und Handelsstadt eine große Bedeutung einnahm. Die Stadt änderte 1582 gar ihren Namen in Saffron Walden. Auf dem Markt der Stadt wurde Safran bis ins 18. Jahrhundert als Gewürz, Arzneimittel, Parfum und zum Färben von Stoffen verkauft. Noch heute erinnert das Wappen von Saffron Walden mit drei Safranblüten an diese Zeit.

Von Europa aus gelangte Safran auf den amerikanischen Kontinent, wenn auch relativ spät. Es waren vorwiegend konservativ-religiöse Gruppierungen, die um 1730 vor der Verfolgung aus Europa flüchteten und Safranknollen mit im Gepäck hatten. Sie kamen aus dem Elsass, der Schweiz, Deutschland und Holland und siedelten sich entlang des Susquehanna-Flusses in Ostpennsylvania an. In Amerika wurden diese Siedler »Pennsylvania Dutch« genannt. Ihren Safran verkauften sie unter anderem bis in die Karibik an spanische Einwanderer.

Der Safrananbau im deutschsprachigen Raum

Es ist davon auszugehen, dass ab dem 13. Jahrhundert in vielen Gegenden des deutschsprachigen Raums Safran kultiviert worden ist. Historisch überliefert ist jedoch wenig. Mit der kleinen Eiszeit ging der Anbau ab dem 15. Jahrhundert stark zurück und verschwand gegen Ende des 19. Jahrhunderts fast vollständig. Am längsten aufrechterhalten blieb er in Österreich. Einzig im Schweizer Dorf Mund wird Safran ohne Unterbrechung bis heute angebaut.

Schweiz

In der Schweiz ist vor allem Mund für den Safrananbau bekannt. Über Italien oder Frankreich gelangten bereits im 14. Jahrhundert Safranknollen durch Händler oder Söldner in das Walliser Dorf und wurden auf den dortigen Äckern angepflanzt. Doch Mund war lange Zeit nicht der einzige Ort in der Schweiz, in dem Safran angebaut worden ist. Quellen belegen im Kanton Wallis weitere Kulturen in Sitten, Siders, Conthey, Anchettes, Venthône, Naters, Leuk, Bitsch, Mörel, Filet und Birgisch. Aus Naters beispielsweise wurde im Jahr 1812 berichtet, dass Safran wie andernorts Weizen oder Roggen auf den Feldern wuchs. Außer in Mund wurden im Kanton Wallis später alle Felder aufgegeben, die letzten in den 1970er-Jahren. In den Kantonen Genf und Waadt gab es Safran entlang des Genfersees, im Kanton Tessin in Airolo und Faido, wo die letzten Kulturen bis 1930 blühten.

In Basel gründeten vermutlich bereits vor 1300 Gewürzhändler und Krämer die »Zunft zu Safran«. Urkundlich erwähnt ist sie erstmals im Jahr 1372. Damals pflanzten Bauern in Basel den Safran unter anderem vor dem Äschentor und zwischen dem St. Alban-Tor und der Birsbrücke. Damit die Wertschöpfung vor Ort blieb, wurde die Ausfuhr der Knollen unter Strafandrohung verboten, und Wächter stellten sicher, dass niemand Knollen von den Feldern stahl. 1374 kam es gar zu einem Safrankrieg. Nachdem der Solothurnische Freiherr Henmann von Bechburg nahe St. Wolfgang bei Balsthal einen Transport von Basler Kaufleuten überfallen und eine beachtliche Menge Safran erbeutet hatte, folgte ein blutiger Rachefeldzug. Von Bechburgs Burg Neu-Falkenstein wurde vierzehn Tage lang von großen Truppen aus Basel, Bern, Neuenburg und weiteren Gebieten belagert und schließlich eingenommen. Sechzehn Söldner, welche die Burg verteidigt hatten, wurden

enthauptet. Die Sieger teilten unter sich einen Teil des Safrans zur Begleichung der Kriegskosten auf. Das Geschäft mit dem kostbaren Gewürz florierte in den Folgejahren immer mehr. Um 1420 soll es in Basel zu einer regelrechten Anbauschlacht gekommen sein. So sehr, dass die Obrigkeit eine Verordnung erlassen musste, die den Umgang mit Safran zum Inhalt hatte. Die Bauern pflanzten auf ihren Feldern zwei Kulturen an. Zwischen den Rüben oder dem Getreide steckten sie Krokusknollen in die Erde, um im Herbst Safran zu ernten. Und selbst wer einen sonnigen Garten in der Stadt besaß, bepflanzte ihn mit Safran. Weil der Handel mit Basler Safran immer bedeutender wurde und viele Fälschungen auf den Markt kamen, kontrollierten bewaffnete Safranbeschauer die Qualität der roten Narben. Doch bereits nach wenigen Jahren verschwanden die Safranfelder bei Basel. Ab 1473 wird Safran nur noch vereinzelt angebaut. Letztmals erwähnt wird er um 1534.

Deutschland

Mehrere Quellen belegen den Safrananbau in Deutschland während des Mittelalters. So wurde das edle Gewürz im Oberrheingraben auf den Gebieten Frankreichs und Deutschlands zwischen Basel und Frankfurt am Main angepflanzt. Die Knollen waren über Frankreich und die Schweiz nach Deutschland gelangt. Im 15. und 16. Jahrhundert lag das Zentrum des Anbaus bei den südpfälzischen Dörfern Ilbesheim und Venningen. Im *Strasbourger Kreuterbuch* aus dem Jahre 1577 steht: »Nit fern von der Statt Landaw, bei dem Berckhaus Newcastel liegt ein Dorff Ilfüßheim genandt, würt der Saffran heftig und mit Fleiß gepflanzet.« Auch in Thüringen bei Altenburg wurde das rote Gold geerntet. In Sachsen gab es bis ins 16. Jahrhundert größere Felder, wie der Gerichtsschreiber Petrus Albinus im Jahre 1580 schrieb. Sie befanden sich südlich von Leipzig, so in Borna, in Dörfern entlang der Saale und im Gebiet zwischen Meißen und Dresden. Vereinzelte Kulturen gab es auch in Bayern. Sie reichten aber bei Weitem nicht, um die lokale Nachfrage zu decken.

Darstellung des Überfalls und Auslöser des Safrankriegs bei der Burg Neu-Falkenstein von Historienmaler Karl Jauslin.

Österreich

Im deutschsprachigen Raum hat Österreich die größte Tradition in der Safrankultivierung. Bis vor hundert Jahren zählte das Land zu den bedeutendsten Produzenten in Europa. Einer Legende nach soll der Kreuzritter Walther von Merkenstein im Jahre 1198 der Dame Hulda von Rauhenstein als Geschenk Safran aus dem Heiligen Land mitgebracht haben. Damit gewann er ihr Herz. Danach sei Safran im niederösterreichischen Donautal angepflanzt worden.

Erstmals urkundlich erwähnt wurde der Safrananbau in Österreich zur selben Zeit wie in Deutschland und der Schweiz, um das Jahr 1400. Niederösterreich war damals das Zentrum der Safranproduktion. Von Melk über Krems, um den Wagram und das Tullnerfeld, bis nach Wien und Umgebung lagen die Pflanzfelder. Das Zentrum des Handels befand sich in Krems. Der österreichische Safran war in ganz Europa wegen seiner ausgezeichneten Qualität geschätzt. Er bestand nur aus Narbenspitzen und bekam in der botanischen und pharmazeutischen Literatur die Bezeichnung *Crocus austriacus*. Entsprechend wertvoll war das rote Gold aus Österreich. Im Jahre 1404 vermachte ein Domherr von St. Stephan in Wien dem Domprobst ein halbes Kilogramm Safran. Dieses entsprach dem Wert einer Kuh.

Mit dem Siegeszug des Safrans in Niederösterreich kamen neue Anbaugebiete hinzu. Selbst im Wiener Stadtgebiet wurde das edle Gewürz in vielen Gärten kultiviert: vor dem Widmertor, in Mariahilf, in St. Ulrich und unterhalb der Wiener St. Paulskirche (heute der Albertinaplatz im 1. Bezirk). Der katholische Pfarrer Wolfgang Schmeltzl äußerte sich 1548 folgendermaßen zum Wiener Safran: »Der pest Saffran in aller welt/Wechst neben traid, wein auff dem velt.« Generell galt damals ein Grundsatz, der auch heute noch seine Berechtigung hat: Wo Wein wächst, gedeiht auch Safran.

Das kostbare Gewürz wurde aber auch in Oberösterreich, im Burgenland und der Steiermark im Raum Merkendorf angepflanzt. Die drei goldenen Safranblüten im Gemeindewappen von Merkendorf erinnern noch heute an die ehemalige Hochblüte der Krokuspflanze. Zum österreichischen Staatsgebiet gehörten damals auch Teile des heutigen Ungarn, Serbien und Kroatien, auch dort gab es Safrankulturen.

In mehreren Büchern aus dem 16. und 17. Jahrhundert wird die herausragende Qualität des *Crocus austriacus* erwähnt. Weil immer mehr Bauern mit dem Anbau von Safran begannen, schrieb Pater Ulrich Petrak im Jahr 1797 ein Handbuch mit dem Titel *Praktischer Unterricht den Niederösterreicher Safran zu bauen*. Das Buch befindet sich heute in der Stiftsbibliothek Melk und hilft nach wie vor mit guten Tipps bei der Kultivierung von Safran. Petrak nennt in seinem Buch die drei wichtigsten niederösterreichischen Anbaugebiete für Safran: Bekannt waren der Ravelsbacher Safran, der Donau-Safran und der Loosdorfer Safran, wobei letzterer der begehrteste war.

Die Menge, die Österreich produzierte, war enorm. 1776 wurden beispielsweise am Kremser Markt 4500 Kilogramm Safran umgesetzt. 1807 exportierte Niederösterreich fast 4000 Kilogramm, Wien von 1812 bis 1816 rund 2000 Kilogramm. In Österreich blieben die Safrankulturen länger erhalten als in den meisten anderen mitteleuropäischen Ländern, gingen dann aber ab Mitte des 19. Jahrhunderts stark zurück. 1892 wurde der letzte Safranacker in Loosdorf aufgegeben. In dieser Zeit stellte man in der Österreichisch-Ungarischen Monarchie gar Überlegungen an, den Safrananbau in klimatisch günstigere Regionen wie Dalmatien, Südtirol, Istrien, Ungarn oder Kroatien zu verlegen, um ihn der nationalen Wirtschaft zu erhalten. Umgesetzt wurden diese Pläne jedoch nicht. 1911 gab der letzte Safranproduzent in Niederösterreich auf. Zwischen den beiden Weltkriegen wurde Safran noch in geringen Mengen im südburgenländischen Markt Allhau angepflanzt. In der Steiermark war er bis 1995 noch vereinzelt in Gärten anzutreffen.

Südtirol

Über den Safrananbau in Südtirol gibt es nur wenige Quellen. So soll die kostbare Pflanze bis etwa 1800 an verschiedenen Orten kultiviert worden sein. Der Bozener Botaniker Franz Freiherr von Hausmann schreibt 1851 in seinem Werk *Flora von Tirol,* dass Safran nur noch vereinzelt an Weinbergrainen und hügeligen Grasplätzen um Bozen vorkomme, dass es aber keine einzige zusammenhängend kultivierte Fläche mehr gebe.

In Europa ging der Safrananbau mit der Industrialisierung ab dem 18. Jahrhundert stark zurück. Gerste, Mais, Kartoffeln und Weizen brachten den Landwirten höhere Erträge. Außerdem erschwerte das immer kühler werdende Klima die Kultivierung von *Crocus sativus.* Viele Anbaugebiete litten zudem vermehrt unter Pilzbefall der Knollen. Bis zum Ende des 19. Jahrhunderts kam daher die Kultivierung von Safran in weiten Teilen Europas ganz zum Erliegen. Außerdem wurden die günstigen Importe aus dem Iran zu einer starken Konkurrenz für den einheimischen Safran.

5.

HANDEL

VENEDIGS GEWÜRZPALÄSTE

DER INTERNATIONALE GEWÜRZHANDEL BRACHTE WENIGEN PERSONEN GROSSEN WOHLSTAND. ZWISCHEN KAUF UND VERKAUF EINER LIEFERUNG SAFRAN VERDOPPELTE SICH HÄUFIG DER PREIS. IM MITTELALTER WAR ES VENEDIG, DAS DURCH STRATEGISCHES GESCHICK REICH UND MÄCHTIG WURDE. NOCH HEUTE ERINNERN VIELE PRUNKVOLLE PALÄSTE AN DIE GLORREICHE ZEIT VON DAMALS.

Crocus sativus, wie wir ihn heute kennen, entstand etwa um 2000 v. Chr. Die Minoer, die früheste Hochkultur Europas, waren vermutlich die Ersten, die mit Safran handelten. Ausgrabungen von Knossos und Akrotiri belegen, dass sie die kostbare Pflanze zwischen 1700 und 1450 v. Chr. kultivierten und damit intensiven Export betrieben, unter anderem in den Mittelmeerraum, die Türkei, nach Ägypten und ins Gebiet zwischen Euphrat und Tigris.

Nachdem die Minoer viel zur Verbreitung von Safran beigetragen hatten, übernahmen die Phönizier diese Rolle. Die phönizischen Stadtstaaten befanden sich entlang der östlichen Mittelmeerküste, auf dem Gebiet der heutigen Staaten Israel, Libanon und Syrien. Sie waren auf den Handel und die Seefahrt spezialisiert. In ihrer wirtschaftlichen Blütezeit zwischen den Jahren 1000 bis 600 v. Chr. unterhielten sie intensive Beziehungen mit sämtlichen Staaten im Mittelmeerraum und bis ins Persische Reich.

Wann genau Persien zum Hauptanbaugebiet von Safran wurde, ist nicht belegt. Große Anbauflächen gab es bereits um 1000 v. Chr. Mit der Übernahme der Führungsrolle im Anbau erlangte das Persische Reich auch die dominierende Rolle im Handel. Ab 539 v. Chr. dehnten die Perser ihre Vormachtstellung in der damaligen Welt stark aus. Innerhalb weniger Jahre eroberten sie das Lydische Königreich, die phönizischen Stadtstaaten, das

Der Handel mit Pfeffer, Safran und weiteren Gewürzen machte Venedig im Mittelalter zu einer prunkvollen Stadt. Darstellung aus einer mittelalterlichen Handschrift um 1338.

Neubabylonische Reich und das antike Ägypten. Damit beherrschten sie einen Großteil der Mittelmeerküste, was für den Handel strategisch von großer Bedeutung war.

Alexandria wird Zentrum des Gewürzhandels

Im Jahr 336 v. Chr. wurde Alexander der Große König von Makedonien. Sein Herrschaftsgebiet beschränkte sich zu Beginn auf Teile des heutigen Griechenlands, Albaniens und Nordmazedoniens. Mit seiner Machtübernahme begann das Zeitalter des Hellenismus, und die griechische Kultur breitete sich über weite Teile der damals bekannten Welt aus. Ab 334 v. Chr. begann Alexander der Große seine Eroberungsfeldzüge nach Ägypten, Persien und bis nach Indien. Dabei kam er auch mit exotischen Gewürzen in Kontakt, die zuvor in Europa unbekannt waren. In der Folge intensivierte er die Handelstätigkeit zwischen dem Orient und Europa und importierte unter anderem auch große Mengen Safran aus Persien. Eingesetzt wurden die roten Narben vor allem in der Medizin und als Färbemittel, aber auch als Gewürz und vermehrt als Parfüm. Um 331 v. Chr. gründete Alexander der Große die Stadt Alexandria im heutigen Ägypten. Sie nahm eine strategisch wichtige Bedeutung ein und wurde zu einem Zentrum für den Gewürzhandel. In Alexandria erfolgte der Güterumschlag auf die Schiffe, welche die Mittelmeerländer ansteuerten.

Römer importieren immer mehr Safran

Mit der Entstehung des Römischen Kaiserreichs und dessen Hochblüte in den Jahren 27 v. Chr. bis 395 n. Chr. erlebte der Gewürzhandel einen weiteren Aufschwung. Die Römer beherrschten den gesamten Mittelmeerraum und übten großen Einfluss auf die Gebiete jenseits ihrer Grenzen aus. Bis zur Mitte des 1. Jahrhunderts v. Chr. hatten sie die Gewürze vor allem aus den Städten entlang der östlichen Mittelmeerküste importiert. Durch die Eroberung von Ägypten mit der Hafenstadt Alexandria um 31 v. Chr. bekam das Römische Reich Zugang zum Roten Meer. In der Folge begannen die Römer den Gewürzhandel zu intensivieren, und Alexandria wurde zur Handelsdrehscheibe der Kontinente Afrika, Asien und Europa. Die Araber waren zu dieser Zeit ein bedeutender Handelspartner der Römer. Sie lieferten Gewürze wie Safran, Pfeffer, Zimt, Nelken, Kardamom oder Ingwer. Einen Teil davon bezogen sie aus Indien. Andere Gewürze wie Safran kauften sie in Persien ein. Die begehrten Produkte gelangten mit Karawanen über die Seiden-, Weihrauch- und die

Gewürzstraße zu den Hafenstädten am Mittelmeer, wobei Alexandria einen besonderen Stellenwert einnahm. Ein wichtiger Handelsplatz am südlichen Ende des Roten Meeres war die Stadt Mokka, die heute zum Jemen gehört.

Das Römische Reich belegte die Gewürze mit hohen Steuern. Erschwinglich waren sie nur für die Oberschicht. Safran war zu dieser Zeit vor allem in der Medizin gefragt, aber auch für Parfüms und Duftöle. Für das Würzen von Speisen wurden die roten Narben weniger häufig eingesetzt. Die Nachfrage stieg jedoch laufend, also bauten die Römer in ihrem Reichsgebiet immer mehr eigene Felder an. Safran breitete sich dadurch in halb Europa aus. Doch Persien blieb mit Abstand der bedeutendste Produzent und Handelspartner.

Araber beherrschten den Handel

Das rote Gold gelangte von Persien nicht nur nach Europa. Es breitete sich über die Seidenstraße mit ihren unzähligen Seitenarmen auch nach Kaschmir und bis nach China aus. Im chinesischen Buch über Ackerbau und Heilpflanzen *Shennong ben cao Jing* wird im Jahr 200 v. Chr. neben Ginseng, Eisenhut und anderen Pflanzen auch Safran erwähnt. In der Mongolei entstanden bedeutende Safranmärkte für die Lieferungen nach China.

Mit dem Ende des Römischen Reichs dehnte sich der Islam immer mehr aus, und die wichtigsten Handelsrouten unterstanden neu dem Kalifenrecht. Die Araber beherrschten in der Folge die Transportwege für Gewürze entlang der Seidenstraße bis zum Mittelmeer. Die Routen führten beim Persischen Golf und dem Roten Meer zum Teil über den Seeweg. Entlang der Küsten dieser großen Gewässer existierten aber auch Landrouten. Neben dem häufigen Zielort Alexandria führte eine beliebte Strecke auch via Damaskus nach Beirut, und eine dritte war der Landweg über die Türkei und den Balkan nach Norden. Von den verschiedenen Routen war diejenige über das Rote Meer nach Alexandria die beliebteste, weil sie die wenigsten Risiken barg. Dafür partizipierten bei dieser Strecke viel mehr Zwischenhändler am Weiterverkauf der Produkte. Dies führte bis zu einer Verdoppelung der Preise. Die Karawanen, welche die wertvollen Güter von Indien über Persien bis ans Mittelmeer brachten, waren häufig bis zu einem Jahr unterwegs. Die einzelnen Teilstrecken wurden auf mehrere Karawanen aufgeteilt. Damit die Araber das Handelsmonopol für die gesamte Handelsroute wahren konnten, stellten sie die Ausfuhr von Safran über nicht bewilligte Strecken unter Todesstrafe.

Der Aufschwung Venedigs

Zwischen 632 und 750 eroberten die Araber große Küstengebiete des Mittelmeers und die gesamte Iberische Halbinsel. Damit hatten sie auch die Hoheit über die wichtigen Handelsrouten im Mittelmeer. Mit der Zeit etablierten sich entlang der italienischen Küste neue Hafenstädte, die mit den Arabern kooperierten und zu Handelsdrehscheiben wurden. In diesen Städten entstand die neue Gesellschaftsschicht der Großkaufleute. Von den vier Seerepubliken Amalfi, Genua, Pisa und Venedig wuchs zuerst Amalfi am stärksten. Die Stadt pflegte im 9. und 10. Jahrhundert direkte Handelsbeziehungen mit Byzanz und erhielt diverse Privilegien. So durften sich die amalfischen Händler im Byzantinischen Reich relativ frei bewegen und eigene Handelsstützpunkte errichten. Von den vier Seerepubliken übernahm ab dem 10. Jahrhundert Venedig die führende Rolle.

Im Jahr 1082 garantierte der byzantinische Kaiser Alexios I. den Venezianern den freien Handel und den direkten Zugang zum Byzantinischen Reich. Kurz darauf begannen die Kreuzzüge, an denen sich die Lagunenstadt beteiligte und stark profitierte. Bei diesen religiös und wirtschaftlich motivierten Kriegen, die bis ins 13. Jahrhundert dauerten, bekam Venedig weitere wichtige Handelsrechte mit dem Orient zugesprochen. Das Bedürfnis nach exotischen Gewürzen nahm zu dieser Zeit in Europa stark zu, denn viele Europäer waren durch die kriegerischen Züge im Orient mit unbekannten Gewürzen in Kontakt gekommen und lernten diese lieben. Spätestens mit der Eroberung Konstantinopels während des vierten Kreuzzuges von 1202 bis 1204 wurde Venedig zur wichtigsten Handelsmetropole des Mittelmeerraums. Ab diesem Zeitpunkt gelangten die meisten Güter, die über die Seidenstraße in Alexandria, Beirut oder Konstantinopel landeten, über den Seeweg nach Venedig. Einzig Genua konnte als Handelsstadt einigermaßen mit Venedig mithalten.

Beste Infrastruktur, grosse Flotte, eigene Währung

Die Patrizierfamilien, welche die Geschäfte in Venedig kontrollierten, kamen zu unermesslichem Reichtum und bauten viele der prunkvollen Paläste in der Lagunenstadt. Pro Jahr liefen bis zu 1000 Tonnen Gewürze in den Hafen ein und wurden von hier weiter nach Europa verteilt, oft nach Nürnberg, dem Zentrum des Gewürzhandels in Nordeuropa. Um den Handel mit Mittel- und

Nordeuropa zu erleichtern, erhielten deutsche Kaufleute ein eigenes Lagerhaus, das »Fondaco dei Tedeschi«. Urkundlich erwähnt wurde es erstmals am 5. Dezember 1228. Unter venezianischer Aufsicht durften dort bis zu hundert Händler aus Deutschland, Ungarn, Österreich und Flandern ihrem Beruf nachgehen. Ziel der Venezianer war es, diese zu kontrollieren und von ihnen an einem einzigen Ort die Zollgebühr, die »tassa doganale« einzuziehen. Jährlich nahm die Stadt dadurch bis zu einer Million Dukaten ein.

Venedig hatte die beste Infrastruktur aller Häfen der damaligen Welt. Die Handelsschiffe fuhren über die zahlreichen Kanäle direkt zu den riesigen Lagerhallen. Diese wurden rund um die Uhr bewacht, oft von mehreren Hundert Mann. Um die Handelsschiffe gegen Überfälle zu schützen, bauten die Venezianer zudem eine Kriegsflotte mit 3300 Schiffen und annähernd 40 000 Seeleuten auf. Sie begleitete die eigenen Handelsschiffe und bot ihnen so maximale Sicherheit. Venedig setzte die eigene Kriegsflotte aber auch aktiv zum Erhalt und zur Erweiterung ihrer Vormachtstellung ein. Mit dem Sieg über die Republik Genua im Jahr 1381 erlangten die Venezianer die totale Dominanz im Mittelmeer. Wichtig für den Handel war eine stabile Währung. So prägte die Stadt eine eigene Goldmünze, den venezianischen Dukaten. Im 14. und 15. Jahrhundert galt diese als Welthandelswährung. Mit ihr konnte man sowohl in Europa als auch im Orient bezahlen.

Hohe Zölle – lukratives Geschäft

Die Preissteigerung zwischen dem Anbauland und den nächsten Handelsschritten war enorm. Edle Gewürze wie Pfeffer oder Safran wurden in Venedig mit hohen Zöllen belegt und versteigert. Händler verdienten durch den Weiterverkauf oft das Sechzig- bis Hundertfache. In Brügge, London oder Nürnberg stiegen die Preise noch einmal um ein Vielfaches. Wie enorm die Beträge waren, die beim Handel umgesetzt wurden, zeigt ein Protokoll des Nürnberger Kaufmanns Hans Paumgartner. Im Jahr 1501 kaufte er in Venedig 4582 Pfund des roten Goldes. Dafür bezahlte er 9824 Rheinische Gulden. Das Jahresgehalt eines hohen Beamten betrug damals 200 Gulden. Der Preis für ein Pfund Safran entsprach etwa dem Monatsgehalt eines Arbeiters. Ein Großteil des Profits aus dem Gewürzhandel blieb jedoch in Venedig. Daneben profitierten in Italien weitere Städte vom Safranhandel, wenn auch nicht so stark wie Venedig. Dazu zählten Pisa, Genua, Siena, Verona, Florenz, San Gimignano und Casalmaggiore.

Um den Transport nach Norden zu erleichtern, entstand eine Seeroute von Venedig und Genua in die Länder Westeuropas. Im Vergleich zur Landroute war sie schnell und weniger gefährlich. Von dieser Entwicklung profitierte die Stadt Brügge am stärksten. Sie stieg zwischen dem 13. und 16. Jahrhundert zu einer führenden Handelsmetropole auf. Wegen ihrer vielen Kanäle wurde Brügge auch Venedig des Nordens genannt.

Machtverschiebung im Gewürzhandel

Weil die Araber keinen direkten Handel mit Indien über ihr Gebiet zuließen, drängten die europäischen Seefahrernationen auf eine direkte Verbindung über das Meer. Der Portugiese Vasco da Gama schaffte 1498 als Erster die Umschiffung von Afrika und ankerte im indischen Kalikut. Auf weiteren Erkundungsreisen erschlossen die Portugiesen den gesamten indischen Subkontinent und die Gewürzinseln Hinterindiens.

Mit der neuen Gewürzroute ums Kap der Guten Hoffnung verloren die Araber ihre Vormachtstellung im Welthandel. Nun konnten die Europäer direkt mit Asien Geschäfte tätigen und ihre Profite erhöhen. Bereits die erste Ladung Gewürze, die Vasco da Gama nach Lissabon zurückbrachte, soll 60-mal mehr eingebracht haben, als die zweijährige Expedition gekostet hatte. Um 1505 betrug der Preis für Pfeffer in Lissabon ein Viertel von dem in Venedig. Die Venezianer importierten die Gewürze nach wie vor über die alten Routen der Seidenstraße. Das führte dazu, dass die Kaufleute aus Venedig ihre überteuerte Ware nicht mehr verkaufen konnten. In kürzester Zeit waren sie ruiniert. Die hohen Gewinne machten nun die Händler in Lissabon. In der Folge gab es immer wieder blutige Auseinandersetzungen zwischen Portugiesen, Spaniern, Holländern und Engländern um die Vormachtstellung im Welthandel. Bis zu Beginn des 17. Jahrhunderts dominierten Portugal und Spanien den Gewürzhandel. Danach übernehmen die Holländer und Engländer die Vorherrschaft. Die erste Aktiengesellschaft der Welt, die Niederländische Ostindien-Kompanie, wurde 1602 in Amsterdam gegründet. Sie beherrschte während knapp zweihundert Jahren den Handel und machte Amsterdam zur drittgrößten Stadt Europas sowie zum finanziellen Zentrum der Welt. Importiert wurden vor allem Gewürze wie Pfeffer und Safran, Textilien, Tee, Kaffee und Kakao. Nach vielen Jahrzehnten der Hochblüte brachten Korruption und eine

Selbstbedienungsmentalität die Aktiengesellschaft immer mehr in Schieflage. 1799 wurde sie schließlich aufgelöst. Danach verteilte sich der Handel auf verschiedene Metropolen. Eine bedeutende Rolle im Import von Safran spielten ab diesem Zeitpunkt Hansestädte wie Hamburg, Lübeck, Rostock oder Danzig.

SAFRANHANDEL IN AMERIKA

Safranknollen gelangten mit europäischen Einwanderern auch nach Amerika. Die Siedler wurden im östlichen Pennsylvania sesshaft. Ab 1730 bauten sie das kostbare Gewürz an. Begehrt war es vor allem bei spanischen Einwanderern in der Karibik. Der Safranhandel begann in der Folge zu florieren. Phasenweise wurde der Safranlistenpreis an der Philadelphia Rohstoffbörse gar mit dem Goldpreis gleichgesetzt. Im Britisch-Amerikanischen Krieg von 1812 wurden viele Handelsschiffe zerstört, und der Handel mit dem Safran aus Pennsylvania verlor an Bedeutung.

Florierender Safranhandel im deutschsprachigen Raum

Mit dem Safranhandel war eine enorme Gewinnmarge möglich. Deshalb überrascht es nicht, dass im deutschsprachigen Raum bereits im Mittelalter ein professionelles Handelsnetz entstand. Aufgrund des gebirgigen Geländes etablierten sich drei wichtige Landrouten. Die erste führte von Venedig nach Triest, über die Ostalpen nach Wien und ins Donaubecken. Bei der zweiten gelangten die Händler von Venedig nach Mailand, über die Alpenpässe in die Schweiz und weiter nach Deutschland. Die dritte Route führte von Genua nach Südfrankreich, über das Rhônetal nach Genf und anschließend via Burgund nach Basel. Von Basel aus zogen die Händler weiter über den Rheingraben nach Deutschland. Daneben bauten die Venezianer eine Seeroute auf, die nach Brügge führte. Von dort gelangten die Gewürze in der Regel nach Nürnberg.

Safranhandel in der Schweiz

Mit der Begehung des Gotthardpasses entstand ab dem 13. Jahrhundert eine neue Handelsroute, die von Venedig über Padua nach Mailand und in die Schweiz führte. Dadurch wurde nördlich des Gotthardmassivs das einstige Fischerdorf Luzern auf einmal zu einer bedeutenden Durchgangsstadt nach Zürich und Basel.

Für Händler und Gewerbetreibende waren in der Schweiz die Zünfte sehr wichtig. Bereits im 13. Jahrhundert galt in Zürich, Basel und Luzern der Grundsatz, dass ein ansässiger Gewerbetreibender seinen Beruf nur dann als selbstständiger Geschäftsherr oder Meister ausüben durfte, wenn er einer Zunft angehörte. In dieser Zeit wurde in Luzern die »gesellschafftt der kraemerye ze Luzern« gegründet. 1454 wurde sie in »gesellschaft zu dem Saffran« umgetauft, was zum Ausdruck bringt, dass Safran unter den Gewürzen eine besondere Bedeutung hatte. Wer mit Gewürzen handelte, musste gemäß einer sogenannten Pulverordnung zweimal pro Jahr schwören, »dz si gout gerecht pulfer machent und veil habent«, man also nur einwandfreie Produkte weiterverkaufte und kein Safranpulver fälschte. Von Luzern aus gelangten die Gewürze bei genügend hohem Wasserstand auf Schiffen via die Flüsse Reuss, Aare und Rhein nach Basel.

Früher als in Luzern hatten in Basel Gewürzhändler und Krämer die »Zunft zu Safran« gegründet. Urkundlich erwähnt ist sie erstmals im Jahr 1372,

---

Die sogenannte Pulverordnung der »gesellschaft zu dem Saffran«, Luzern.

Actu sabto an alt vasnacht
anno mccccxviij ·

1418 · 12. febr.

Unser herren ret und hundert sint uberkon
Das alle unser kremer die specie und pulfer
veil hant alle iar sont zwurent sweren
dz si gůt gerecht pulfer machent und veil
habent und weder meggin noch kein and[er]
bös ding söllent darin tůn Nemlich sont si
bulfer machen von Imber zyment negelli
pfeffer lange und kurtzen und mit and[er]
sont si darin tůn · macis paryskörnli
gunsthantum zuker saffran

It[em] fraget si iemant waz in welichem pulf[er]
sie dz sont si sagen bi dem eid

Doch wie dz iemand ut ander sundrigs von
inen wölt und vordr dz mögent si wol
eingen

It[em] ~~gelwerwet bulfer sond~~ si sont kein bulf[er]
verkoufen denn mit trachme saffran

Disen eid hant getan thömi russ · hensli schmit
pentelli furter hensli mathe rüff am hoff wie
vom hasle hensli von hasle Bingji

Weler gast mit specie har kunt und die veil
hat · da sond die unser zů im gan und sage
dz sy nit me denn ein tag ir pulf[er] veil
hant und nit me sy swerend denn vor ein
eid als die unser · darüber ist gesetzt
Antöni Russ und Amher keller

entstanden ist sie vermutlich bereits um 1300. In der Zeit der ersten urkundlichen Erwähnung begannen die Basler vor ihrer Stadt Safran anzupflanzen. Rund hundert Jahre lang blühte das Geschäft mit den kostbaren roten Narben. Ein Großteil davon gelangte in den Export. Die Basler Gewürzhändler importierten aber auch sehr viel Safran, den sie nach Deutschland weiterverkauften. Dabei konzentrierten sie sich nicht nur auf den persischen Safran, der über Venedig oder Genua zu ihnen gelangte, sondern verkauften ab dem 14. Jahrhundert auch große Mengen spanischen Safrans. Bald darauf gründeten Kaufleute aus Basel und Spanien eine Safran-Handelsgesellschaft mit einem Kapital von 20 000 Gulden. Dabei waren die Spanier für die Geschäfte in Frankreich und England zuständig, während die Basler mit Frankfurt, Nürnberg und dem übrigen Deutschland handelten.

In Zürich wurde die »Zunft zur Saffran« 1336 gegründet. Sie beruht auf der Brunschen Zunftverfassung, benannt nach Rudolf Brun, dem Anführer der Zürcher Zunftrevolution und ersten Bürgermeister von Zürich. Ihr gehörten die Gewürz-, Textil-, Eisenwaren- und Lebensmittelhändler an.

Händler kauften in ganz Europa ein

Viele Händler aus der Schweiz und Deutschland besuchten regelmäßig Handelsplätze im Ausland, um persischen oder europäischen Safran einzukaufen. Im 12. und 13. Jahrhundert waren die sogenannten Champagnermessen in Frankreich ein beliebter Handelsplatz. Kaufleute aus Basel, Köln, Konstanz, Regensburg und Nürnberg nahmen daran teil. Einige Händler, so beispielsweise die großen Ravensburger Gewürzhändler, pflegten zwischen 1309 und 1400 aber auch eigene Beziehungen in europäische Safrananbaugebiete, um den Zwischenhandel zu umgehen. Ihr Netzwerk reichte bis nach Barcelona und ins Ebrotal. Andere Händler aus der Schweiz und Deutschland pflegten direkte Kontakte nach Mailand, Navelli, San Gimigniano, in die Abruzzen, nach Apulien oder Südfrankreich. Eine schriftliche Aufzeichnung von 1568 im französischen Poitiers hält fest, dass deutsche Kaufleute jährlich im Département Charente Safran für 100 000 Pfund einkauften.

Doch der in Europa angebaute Safran wurde mit Ausnahme des französischen und österreichischen von den Konsumenten nur bedingt geschätzt. Die mit Abstand größte Nachfrage hatte nach wie vor der Safran aus Persien.

Ab dem 15. bis Mitte des 16. Jahrhunderts nahm auch Genf eine bedeutende Rolle im Handel mit Gewürzen ein. Andere wichtige Handelsstädte waren Barcelona, Casalmaggiore und Lyon.

Safranhandel in Deutschland

In Deutschland konzentrierte sich der Gewürzhandel über Jahrhunderte auf Städte wie Nürnberg, Augsburg, Ravensburg, Frankfurt am Main und Köln. Es gibt Belege, dass sowohl die Augsburger als auch die Nürnberger Händler den Safran selber über die Alpen brachten und in ihren Städten mit mehreren Hundert Prozent Gewinn verkauften. An regionalen Messen im 12. und 13. Jahrhundert in Aachen, Duisburg, Köln, Worms, Speyer und Oppenheim wurde die Ware gehandelt. Ab dem 14. Jahrhundert war Nürnberg der wichtigste Handelsplatz für Gewürze in Mittel- und Nordeuropa, während Venedig den Markt in Südeuropa beherrschte. Die am Handel beteiligten Nürnberger Patrizierfamilien pflegten intensive Beziehungen mit Venedig. Die wichtigsten Gewürze für den Handel waren Pfeffer und Safran, begehrt waren aber auch Ingwer, Gewürznelken, Zimt, Muskat und Kardamom. Von 1357 bis 1852 gab es in Nürnberg eine Safran- und Gewürzschau. Kontrolleure prüften dabei die Qualität der angebotenen Produkte. Gute Ware bekam ein Gütesiegel. Fälscher mussten mit drakonischen Strafen, sogar mit dem Tod rechnen.

Die Menge Safran, die umgesetzt wurde, war enorm. Eine Verordnung zum Safranhandel in Verona aus dem Jahre 1448 erwähnt beispielsweise, dass deutsche Händler vier Doppelzentner des roten Goldes einkauften. Dafür bezahlten sie 10 000 venezianische Golddukaten. Dies entsprach etwa dem 50-fachen Jahresgehalt eines Händlers.

Im 16. Jahrhundert entstand am Hauptmarkt in Nürnberg die Nürnberger Börse. Sie diente als Bindeglied im Handel zwischen den europäischen Wirtschaftszentren und spielte eine wichtige Rolle im Warentransfer von Venedig in die Hansestädte an der Nord- und Ostsee und zum Teil nach Osteuropa. Mit der Entdeckung des direkten Seeweges nach Indien durch die Portugiesen verlagerte sich der Handel ab dem 16. Jahrhundert von Venedig nach Lissabon und Amsterdam. Einen markanten Einbruch erlangte der Nürnberger Handelsplatz mit dem Dreißigjährigen Krieg ab 1618. Danach konnte die Stadt nicht mehr an die ruhmreiche alte Zeit anknüpfen. 1852 wurde die Safran- und Gewürzschau in Nürnberg geschlossen. Andere Handelszentren etablierten sich, etwa Lübeck, Bremen, Hamburg, München oder Frankfurt am Main. Heute wird ein Großteil des Safranhandels über Hamburg abgewickelt.

Safranhandel in Österreich

Für den Safranhandel in Österreich war Wien der wichtigste Marktplatz. Bis zur Entdeckung des Seeweges nach Indien verlief der Gewürzhandel über die Landroute von Venedig in die österreichische Hauptstadt. Bedeutende Wege führten über den Semmering, Bruck an der Mur, Leoben, Judenburg, Villach, das Kanaltal zwischen Österreich und Italien und Gemona im Friaul. Wiener Kaufleute setzten es immer wieder durch, dass eine Umgehung ihrer Routen nicht gestattet war. Dadurch besaßen sie das Monopol für den Gewürzhandel weiter in den Osten, unter anderem nach Böhmen und Ungarn. Die Landroute von Venedig nach Wien kam Anfang des 16. Jahrhunderts mit dem Niedergang der venezianischen Handelsmetropole zum Erliegen. Safran gelangte ab diesem Zeitpunkt über Deutschland nach Wien.

Österreich exportierte aber auch Safran. Ab 1400 produzierte das Land den *Crocus austriacus*, wie der österreichische Safran genannt wurde. Dieser war in Europa sehr begehrt. Damit die Händler die korrekte Menge verrechneten, ordnete Kaiser Ferdinand II. im Jahr 1524 die Einführung einer amtlichen Safranwaage an. Handelszentrum des im Land produzierten Safrans war der Kremser Simonimarkt in Niederösterreich. Dieser fand nach der Ernte im Oktober statt. Bis 1779 hatten Magistraten die Oberaufsicht über den Markt und wogen das rote Gold ab. Dafür erhoben sie Gebühren und gaben anschließend den Safran für den Verkauf frei. 1776 wurden auf dem Simonimarkt 4500 Kilogramm Safran umgesetzt. 1807 exportierte Niederösterreich fast 4000, Wien von 1812 bis 1816 jährlich rund 2000 Kilogramm. Gegen Ende des 19. Jahrhunderts kam die Produktion und somit auch der Handel mit Safran zum Erliegen.

Safranhandel heute

Iran produziert aktuell rund 400 Tonnen Safran pro Jahr. Das entspricht rund 90 Prozent der weltweiten Produktion. Die übrige Menge fällt auf Anbaugebiete in Afghanistan, Indien, Griechenland, Marokko, Spanien und weitere Länder. Die Anbaufläche im Iran ist in den letzten Jahren kontinuierlich von 87 000 Hektar im Jahr 2016 auf 110 000 Hektar im Jahr 2020 gestiegen. Für den Iran ist Safran ein wichtiger Wirtschaftszweig, das Land setzt damit jährlich 400 bis 600 Millionen Dollar um.

Rund 85 Tonnen Safran konsumieren die Iraner selbst oder verkaufen ihn auf lokalen Märkten an Touristen. Die restlichen gut 300 Tonnen gehen in den Export. 2019 waren es siebenundvierzig Länder, in die der iranische Safran verkauft wurde. 45 Prozent des verkauften Safrans importiert Spanien, 17 Prozent Hongkong und 13 Prozent China; auch Frankreich, Italien und die Niederlande sind wichtige Abnehmer. Deutschland kauft 2,5 Prozent des iranischen Safrans ein, die Schweiz 1,5 Prozent und Österreich 0,5 Prozent.

Spanien als größter Importeur des iranischen Safrans ist wiederum der weltweit zweitgrößte Safranexporteur. Im Gegensatz zu Iran produziert Spanien aber nur geringe Mengen Safran. Konkret heißt das: In Spanien wird der Safran aus dem Iran neu verpackt und gemäß gesetzlicher Grundlage legal als spanisches Produkt weiterverkauft. Fast ein Viertel dieses Safrans geht in die USA, rund zehn Prozent nach Italien, Argentinien, Schweden und in die Vereinigten Arabischen Emirate. Spanien ist nicht das einzige Land, das viel mehr Safran exportiert, als es selbst produziert. Hongkong beispielsweise produziert keinen Safran und importiert rund 50 Tonnen aus dem Iran und aus Spanien. Ein Großteil dieses Safrans gelangt nach Saudi-Arabien und Italien. Saudi-Arabien wiederum exportiert praktisch die gesamte importierte Menge nach Kuwait, also in ein Nachbarland des Iran. Auch Indien exportiert doppelt so viel Safran, wie es im Kaschmir-Tal selbst produziert. Dies ist nur möglich, weil Indien große Mengen des roten Goldes aus Afghanistan einkauft. Von den über 300 Tonnen Safran, die der Iran jährlich exportiert, werden lediglich 15 Prozent oder 45 Tonnen im Ausland als iranischer Safran verkauft. Mit Marketingkampagnen versucht der Iran seit einigen Jahren, das Image des eigenen Safrans zu verbessern, indem man eine viel größere Menge Safran »Made in Iran« direkt in die ausländischen Märkte zu verkaufen und höhere Preise zu erzielen versucht.

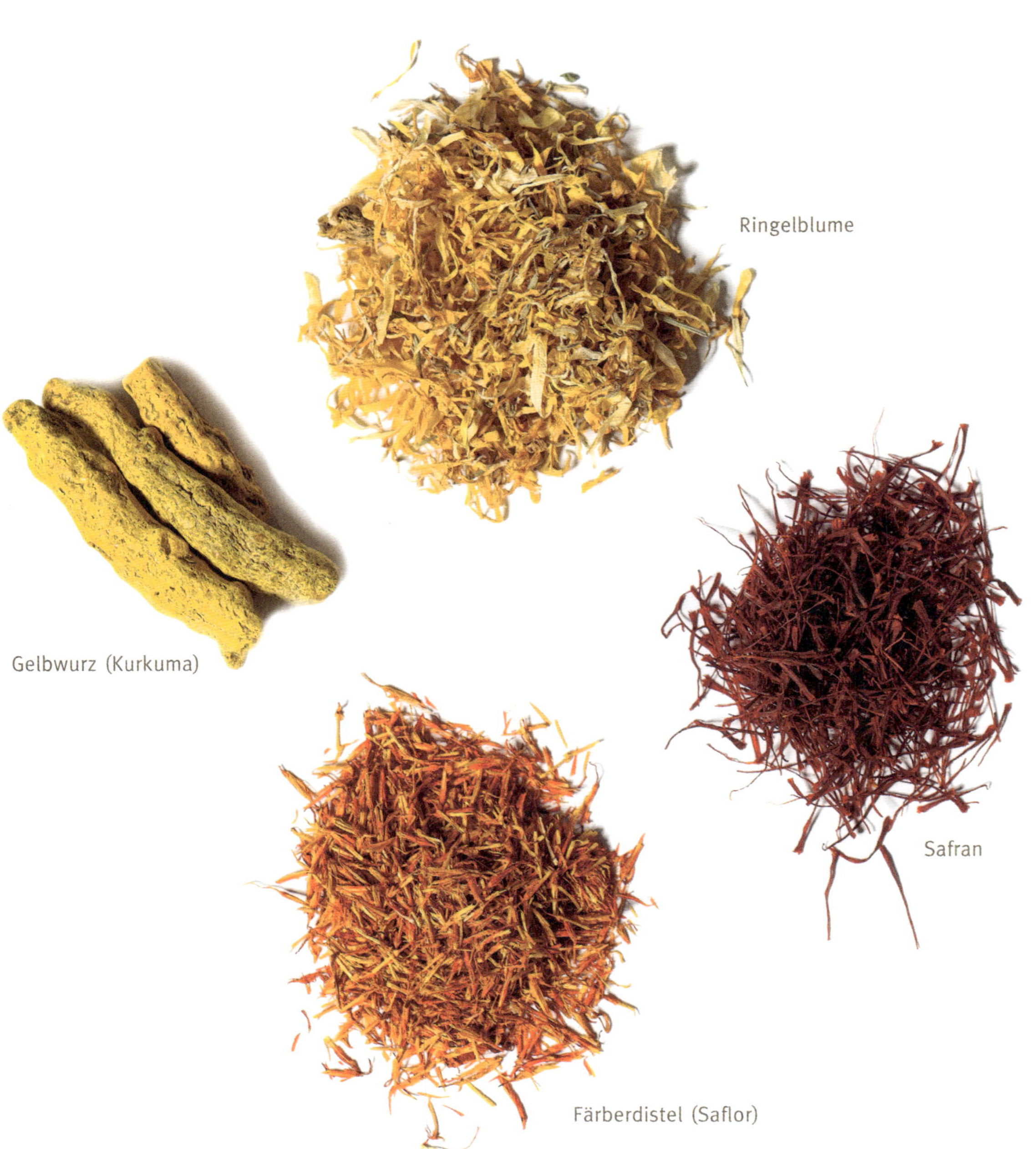
Ringelblume
Gelbwurz (Kurkuma)
Safran
Färberdistel (Saflor)

6.

Fälschung

Betrüger auf dem Scheiterhaufen

Was kostbar ist, wird oft gefälscht. So ist Safran nicht nur das teuerste, sondern auch das meist gefälschte Gewürz der Welt. Im Mittelalter wurden Safranschmierer öffentlich verbrannt oder bei lebendigem Leib begraben. Und auch heute ist nicht überall Safran drin, wo Safran draufsteht.

Die ältesten Belege über gefälschten Safran stammen aus dem alten Ägypten. Bereits um 400 v. Chr. soll gelbe Bleiglätte – eine zu dieser Zeit beliebte Farbe – benutzt worden sein, um unechten Safran herzustellen. Häufig wurde sie für Wandmalereien benutzt, um Safrangelb zu imitieren. Doch sie war giftig. Um 200 v. Chr. findet sich in diesem Zusammenhang ein anderer Beleg. Darin wird geraten, nach dem Konsum von gefälschtem Safran, der vermutlich mit Bleiglätte gefärbt worden war, zu erbrechen. Wenige Jahre nach Christi Geburt schrieb der römische Gelehrte Plinius der Ältere mit der *Naturalis historia* ein enzyklopädisches Werk der Naturkunde. Darin rühmt er Safran als Arznei- und Färbemittel sowie als Weinzusatz. Gleichzeitig fügt er an, dass »nichts so sehr verfälscht wird wie Safran«. Wer erwischt wurde, hatte bereits in der Antike mit drakonischen Strafen zu rechnen. Im Großreich der Perser wurden Safranfälschern die Finger oder die Füße abgehackt.

Betrüger wurden mitsamt ihrer Ware verbrannt

Mit dem Aufkommen des internationalen Gewürzhandels im Mittelalter wurde Safran zu einem äußerst beliebten Produkt. Es gehörte zum guten Geschmack, die Speisen mit dem kostbaren Gewürz goldgelb zu färben. Um einen möglichst hohen Gewinn zu erzielen, verarbeiteten die Händler den

Safran vor dem Weiterverkauf oft zu Pulver und streckten ihn. So kam persischer Safran vielfach bereits gefälscht in Venedig an und wurde von dort weiterverkauft. Historische Dokumente belegen, dass im 15. und 16. Jahrhundert kaum eine unverfälschte Lieferung aus Venedig in Nürnberg eintraf. Zur Bekämpfung dieses Problems wurden in allen großen Handelsstädten Safranschauen eingeführt, bei denen die Händler die Ware vorlegen mussten. Die Prüfer arbeiteten mit Schwefel- oder mit Salpetersäure. Wurde Safran oder Safranpulver mit Schwefelsäure übergossen, musste die Säure eine Blaufärbung aufweisen. Wurde sie gelb bis rot, war die Ware gefälscht. Bei Salpetersäure, zu einem Drittel mit destilliertem Wasser verdünnt, behielten die echten Safrannarben ihre rote Farbe. Gefälschte Blütenteile wurden sogleich blass. Da dies oft vorkam, geriet der Beruf der Safranierer, wie die Safranhändler genannt wurden, stark in Verruf. Wer als Fälscher erwischt wurde, bekam harte Strafen und die Bezeichnung Safranschmierer. Diese mussten für Jahre ins Gefängnis und galten danach Zeit ihres Lebens als unredlich. Ab 1357 gab es in Nürnberg ein erstes Schauamt. 1441 führte die Stadt eine offizielle Safran- und Gewürzschau ein. Diese griff ohne Kompromisse durch. So hält sie in ihrem ersten Bericht fest: »Der erste Safranschauer ist gewesen Markward Oberhauser, darauf hat man am Freitag nach dem Weißen Sonntag einen Sack mit gefälschtem Safran, der enthielt 13 Pfund, und einen Bürger von Ulm der Herrenberger genannt, dem er gehörte, bei dem Schönen Brunnen verbrannt; dazu hat der Rat zur Warnung eine Verrufung tun lassen.« 1444 erwischten die Safranschauer Jobst Findeker mit mehreren Säcken falschem Safran und vollstreckten an ihm dasselbe Urteil. In den Jahren 1447 und 1448 verbrannten die Behörden etliche Säcke gefälschten Safrans direkt auf dem Markt. 1456 wurden die Safranschmierer Hans Kölbele und Lienhart Frey bei lebendigem Leib verbrannt. Ihre Komplizin Elisabeth ließ man lebendig begraben. Dem Händler Hannes Bock – auch er hatte falsche Ware im Angebot – stachen die Urteilsvollstrecker 1491 beide Augen aus. Bis 1591 mussten in Nürnberg Safranschmierer mit der Todesstrafe rechnen.

Schweizer Gerichte verhängten ebenfalls drastische Strafen. 1419 erwischten die Basler Behörden den Gewürzhändler Henslin, der seinen Safran mit Sandelholz gestreckt hatte. Dafür bekam er zwei Jahre Verbannung und ein lebenslanges Verbot, den Beruf des Krämers auszuüben. 1420 erließ der Basler Stadtrat eine Verordnung, die den Umgang mit Safran zum Inhalt hatte. Dabei wird den Produzenten nahegelegt, dass sie den »Saffran us den

Blumen sufer genommen und dann von Niemanden mit Baumöhl oder anderem getränkt werde, damit er schwerer sey. Auch soll ihn Niemand in gesalbte oder geschmierte, sondern in trockne und dürre Säcke thun, um dass Niemand betrogen werde«. Schlimm erging es zwei Händlern, die 1456 in Zofingen mit gefälschtem Safran erwischt wurden. Die Gerichtsvollstrecker verbrannten sie öffentlich. Ihre Gehilfin wurde lebendig begraben.

Mit Gewicht und Farbe nachhelfen

In der Antike und im Mittelalter versuchten Safranfälscher häufig das Volumen des kostbaren Gewürzes zu erhöhen. Sie bedampften die roten Narben mit Olivenöl oder legten sie in Most, Honig oder Sirup ein, wodurch sich das Gesamtgewicht erhöhte. Anschließend ließen sie den gepanschten Safran wieder trocknen. Oft verkauften sie die Ware sogar noch leicht feucht, was zusätzliches Gewicht auf die Waage brachte. Bei einer anderen Variante des Betrugs färbten die Fälscher den gesamten Griffel, also die weißen, gelben und orangen Teile, mit roter, oft giftiger Farbe ein. Das Einfärben wird übrigens noch heute praktiziert. Dadurch erhöht sich das Gewicht. Der Betrug lässt sich leicht feststellen: Optisch fehlt den Narben das trompetenförmige Ende. In Wasser eingelegt, löst sich die rote Farbe schnell, und die weißen und gelben Teile des Griffels werden sichtbar.

Fälscher sind sehr kreativ

Oft werden andere pflanzliche Produkte als Safran verkauft. Die Pflanze, die sich am besten dazu eignet, ist die Färberdistel *(Carthamus tinctorius)*, auch Saflor genannt. Sie wird nicht umsonst als Falscher Safran oder »Bastard Saffron« bezeichnet. Die Färberdistel wurde früher zum Färben von Seide verwendet. Sie färbt ebenfalls ein Gericht gelb, wobei die Farbe weniger intensiv ist als beim Safran. Das Aroma ist sehr schwach und unterscheidet sich komplett vom Geschmack des Safrans. Oft wird die Färberdistel auf Märkten als echter Safran angeboten mit einer Gewinnmarge von bis zu 1000 Prozent. Saflor ist allerdings sehr leicht als Fälschung zu erkennen. So fehlt ihr das typische Safranaroma, und die orangefarbenen Röhrenblüten unterscheiden sich optisch stark von den roten Safrannarben mit den trompetenförmigen Enden.

Zum Nachahmen von Safran werden auch andere Pflanzen verwendet, etwa die Blütenblätter von Ringelblumen, Arnika, Tagetes, Löwenzahn und des Granatapfels sowie getrocknete Chilifasern. Fälscher verwendeten sogar ganz andere Materialien, um das kostbare Gewürz zu imitieren, beispielsweise Fasern von Rindfleisch, Sandelholz, Rotholz oder Kokosnuss, Karton, Sägespäne oder Löschpapier und färbten sie rot ein, was übrigens oft auch mit den pflanzlichen Blütenblättern getan wurde. Auch hier gilt: Wer sich mit Safran auseinandersetzt, erkennt die Fälschungen.

Safranpulver ist nicht immer rein

Schwieriger ist es, die Reinheit von Safranpulver zu erkennen. Qualitätstests belegen immer wieder, dass in Stichproben wenig oder gar kein Safran enthalten ist. Früher wurde das Pulver oft mit Zinnober, Kalk, Kreide, Gips, Kurkuma, Nitrat, zermahlenen Ziegelsteinen, Sandelholzpulver, Ziegenmehl oder Borax gestreckt. Heute enthält Safranpulver oft Kurkuma und Paprika. Chemisch lässt sich der Nachweis von Kurkuma einfach feststellen: Gibt man Natronlauge in eine Lösung mit Safranpulver, das auch Kurkuma enthält, so wird sie trüb und verfärbt sich rot. Bei echtem Safranpulver bleibt die Lösung gelb. Immer wieder wird auch der synthetische Farbstoff Tartrazin (E 102) beigemischt, der safrangelb färbt. Was viele nicht wissen: Tartrazin wird aus Teer gewonnen und ist gesundheitlich umstritten. In den letzten Jahren wurden im deutschen Sprachraum zwar weniger Fälschungen von Safranpulver entdeckt, wer jedoch sicher sein will, dass es sich um echten Safran handelt, kauft ausschließlich die roten Narben.

Irreführende Herkunftsbezeichnungen

Der Iran ist der größte Safranproduzent und exportiert jährlich über 300 Tonnen des exklusiven Gewürzes. Doch im Ausland ist nur ein Bruchteil davon als Safran »Made in Iran« zu kaufen. Der größte Teil wird, wie bereits erwähnt, von den importierenden Ländern umgepackt und als Produkt des jeweiligen Landes verkauft. Das ist häufig in Spanien der Fall. Rechtlich ist dieser Prozess legal. Der günstige iranische Safran wird sozusagen in Spanien veredelt. Das heißt, er wird in andere Verpackungen abgefüllt und neu beschriftet. Deshalb darf das iranische Herkunftsprodukt als »Producto de España« zu einem viel höheren Preis verkauft werden. Anderes gilt für die Bezeichnungen »Made in Spain« oder »Azafràn de la Mancha«. Sie sind nur für in Spanien produzierten Safran zugelassen. Für den Konsumenten ist der Unterschied aber oft nicht nachvollziehbar. Ähnliches gilt für den Safran aus Kaschmir, der häufig durch iranischen oder afghanischen Safran ergänzt wird.

Kommt bald die elektronische Prüfnase?

Fälschungen lassen sich mithilfe der Dünnschichtchromatographie erkennen. Sie hilft den Behörden, Händlern mit falschem Safran das Handwerk zu legen. Dieses Verfahren ist allerdings teuer und zeitaufwendig. Um in einer schnelleren Methode feststellen zu können, ob es sich um echten Safran handelt, hat die Universität Teheran zusammen mit dem iranischen Department of Mechanical Engineering of Biosystems eine mobile »e-nose« für Safran entwickelt. In einem ersten Schritt wurde Safran aus elf verschiedenen iranischen Anbauregionen im Gerät gespeichert. In den anschließenden Tests konnte die elektronische Nase innerhalb kürzester Zeit feststellen, ob der erfasste Safran zu einer dieser Regionen passt und von welcher Qualität er ist. Das Gerät soll in den nächsten Jahren so weiterentwickelt werden, dass es bei Safran jeglicher Herkunft beurteilen kann, ob er echt oder gefälscht ist, wie gut seine Qualität ist und aus welchem Anbaugebiet er stammt.

PORTRÄT

JOHANNES PINTERITS

SAFRANPRODUZENT, BURGENLAND

»SAFRAN IST DIE NISCHE IN DER NISCHE«

Es ist speziell, das Klima im österreichischen Siegendorf, südwestlich vom Neusiedlersee. Geografisch gehört die Ortschaft zur Pannonischen Tiefebene, die zum größten Teil in Ungarn liegt. Die Landesgrenze ist nur einen Steinwurf entfernt. Geprägt werden die Jahreszeiten von Trockenheit; heißen Sommern, kalten Wintern und viel Sonne. Rund dreihundert Tage im Jahr scheint sie. Temperaturen von bis zu minus 20 Grad im Januar und plus 40 Grad im August sind keine Seltenheit. In diesem Klima, dem Pannonischen, gedeiht hervorragender Wein. Und Safran. Pannonischer Safran. Verantwortlich dafür ist Johannes Pinterits. Oder ganz einfach Hannes, wie er gleich bei der ersten Begegnung mit einem kräftigen Händedruck sagt. Seit 2005 beschäftigt er sich intensiv mit dem *Crocus sativus*. Und so kann der Vater von vier Kindern als derjenige bezeichnet werden, der den Anbau von Safran zumindest in Österreich wiederbelebt hat. In allen Gegenden des deutschen Sprachraums wurden spätestens vor hundert Jahren die letzten Safrankulturen aufgegeben. Einzig im Walliser Dorf Mund in der Schweiz gibt es eine längere, durchgehende Safrantradition.

SAFRANPRODUZENT AUF UMWEGEN

Nach dem Wirtschaftsstudium arbeitete Hannes Pinterits als Devisenhändler. Danach wechselte er zum Österreichen Rundfunk, ORF Burgenland. Bei einer privaten Recherche erfuhr er, dass Safran zwischen dem 11. und dem 20. Jahrhundert in Österreich intensiv kultiviert worden war. Nämlich in Ober- und Niederösterreich, dem Burgenland und in Wien. Und er war begehrt. So sehr, dass der österreichische Safran als einer der besten in Mitteleuropa galt und die Bezeichnung *Crocus austriacus* erhielt. »Mit dieser Qualitätsbezeichnung

meinte man den elegierten Safran«, erklärt Hannes. »Das sind nur die Narben«, ergänzt er. Also ohne orangen, gelben oder gar weißen Anteil, der zwar Gewicht auf die Waage bringt, aber kaum Aroma hat. »Im Gegensatz zu anderen Ländern Europas hatten sich die Landwirte bei uns darauf spezialisiert, nur Safran von höchster Qualität zu produzieren. Dies hat ihn so speziell und begehrt gemacht.«

Die Neugier, mehr über die tausendjährige Safrantradition in Österreich zu erfahren, ließ ihn nicht mehr los. Und so recherchierte er weiter. »Ich wollte wissen, weshalb die letzten Kulturen aufgegeben worden sind und ob es nicht möglich ist, wieder neue anzulegen.« Die erste Frage konnte er schnell beantworten. Vorübergehend kühleres Klima und die Industrialisierung bereiteten dem arbeitsintensiven und auf mildes Klima angewiesenen Safrananbau ein Ende.

Innovation braucht Austausch

Die zweite Frage wollte er selber beantworten. Und so gründete er im Jahr 2005 mit zwei Landwirten die Arbeitsgemeinschaft »Pannonischer Safran«. Sie hatte zum Ziel, die alte Safrankultur wieder aufleben zu lassen, und zwar unter den Vorgaben von Qualität und Reinheit. Ein Jahr später entstand in Siegendorf ein Pilotprojekt. Auf eineinhalb Hektar pflanzte Hannes Pinterits den ersten Safran in unterschiedlichen Böden und Lagen. Mit Erfolg. »Sicher war es ein mutiger Schritt«, blickt er zurück. »Aber ich war überzeugt, dass eine neue Generation herangewachsen ist, die lokale Produkte von höchster Qualität schätzt und bereit ist, den entsprechenden Preis dafür zu bezahlen.« Die positive Resonanz ermutigte ihn, das Projekt weiter voranzutreiben. Und so ging er bereits 2007 Kooperationen mit anderen Betrieben ein, um sein Angebot mit Safranschokolade, Safrangebäck, Safrannudeln oder Safran-Gin zu erweitern. »Ich bin zwar ein Einzelkämpfer und habe viele Ideen«, unterstreicht er, »Innovation entsteht aber nur, wenn wir uns mit anderen regionalen Herstellern austauschen und mit ihnen zusammenarbeiten.«

Einem ist Hannes Pinterits bis heute treu geblieben: dem Qualitätsgedanken. Der Pannonische Safran wird dreimal von Hand selektiert. Bei der Ernte, beim Kappen der roten Narben und beim Verpacken. »So kann ich sicherstellen, dass kein Gelbanteil vorhanden ist«, sagt er und setzt damit die lange österreichische Tradition fort, nur elegierten Safran zu verkaufen. Gleichzeitig legt er großen Wert auf die Art, wie er den frisch geernteten *Crocus austriacus* verarbeitet. In einigen Ländern wird Safran unter hohen Temperaturen, zum Teil sogar über Glut, getrocknet. Pinterits wählt dafür eine längere Trocknungsphase bei etwa 50 Grad Celsius. »Dadurch entsteht ein milder, subtiler und vielschichtiger Geschmack«, meint er und bringt den Vergleich mit geräuchertem und luftgetrocknetem Fleisch. »Geräuchertes Fleisch riecht immer intensiver. Ich mag es aber dezenter. Das ist das Besondere am nicht gerösteten Safran.«

Viel Aufwand und noch mehr Freude

Für ein Gramm Safran benötigt man rund 600 Narben. Alles geschieht von Hand. Vom Pflücken, über das Kappen der Fäden bis hin zum Trocknen und Abfüllen. »Rund eineinhalb Stunden Arbeit sind für ein Gramm Safran nötig«, rechnet Pinterits vor. Für ein Kilo ergibt das tausendfünfhundert Stunden. Also beinahe ein Jahresarbeitspensum eines Arbeiters. Geht man von 30 Euro pro Gramm aus und rechnet man neben der Arbeitsleistung alle weiteren Aufwendungen hinzu wie Knollenkauf, Setzen, Marketing, Verpackung und Versand, »bleibt unter dem Strich nicht viel übrig. Mit Safran wird man nicht reich«, sagt der Burgenländer. »Er ist die Nische in der Nische. Aber er gibt einem viel zurück.«

Zählt man die ganzen Kosten zusammen, wird es auf einmal verständlich, weshalb Safran das teuerste Gewürz der Welt ist. Aber auch hier relativiert Hannes Pinterits. »Entscheidend ist, wie viel Safran man tatsächlich verbraucht. Ein durchschnittlicher Zweipersonenhaushalt kocht mit einem Gramm ein ganzes Jahr. Für Salz gibt man in der gleichen Zeitspanne wesentlich mehr Geld aus.«

Auf Anspannung folgt Entspannung

Obwohl der Burgenländer bereits viele Jahre Erfahrung als Safranproduzent hat, ist er bei Erntebeginn stets aufs Neue gespannt. »Wenn die ersten Blüten kommen, spüre ich eine Erleichterung und eine Zufriedenheit. Aber auch die Sorge hinsichtlich der nächsten Tage.« Bis zu siebzig Erntehelfer muss er während der Hochblüte koordinieren. Sie arbeiten in zwei Schichten. Unzählige Male schreitet er dann über die langen Felder. Anspannung und Entspannung wechseln sich ab. Oft dauern die Nächte nur ein paar Stunden. Und latent vorhanden ist stets die Sorge um das Wetter. An das Schlimmste mag er sich in solchen Situationen ungern erinnern. Denn es gab ihn schon, den fast totalen Ernteausfall. »Einmal hatten wir während dreizehn Monaten fast keinen Regen. Eine Safranerie braucht aber mehr Wasser, als man denkt. Das war für die Pflanzen fatal.«

Umso erfüllender ist es für ihn, wenn sich Zehntausende und zur Vollblüte gar Hunderttausende der soeben geernteten roten Narben übereinandertürmen und zum Trocknen bereitliegen. »Frisch, blumig und zitrusfrucht-mandarinenartig«, beschreibt er den Geruch von frischem Safran. »Einfach sensationell.« Doch nach kürzester Zeit verduftet dieser durch den Trocknungsprozess im wahrsten Sinn des Wortes. Dann folgen die Noten des getrockneten Safrans, die von Pinterits als »erdig, ledrig, rauchig, herb und an den Zahnarzt (Jod) erinnernd« definiert werden. Nach dieser Zeit, wenn das rote Gold geerntet, gelagert und verpackt ist, kehrt in Siegendorf wieder etwas Ruhe ein. Zeit, um auf den Jahreszyklus zurückzublicken. »Bei der Arbeit mit der Natur muss man sehr geduldig sein. Oft geht es Monate, bis der Erfolg eintritt. Da bekommt das Wort Dankbarkeit eine ganz spezielle Bedeutung«, sagt er fast andächtig. Und so stellt sich die Frage, ob es sich gelohnt hat, den alten, sicheren Job als Redakteur beim ORF für das risikoreiche Geschäft mit der Natur aufzugeben. »Auf jeden Fall. Ich darf jetzt mit dem Grundsätzlichsten im Leben des Menschen arbeiten: der Nahrung. Deshalb ist mein jetziger Beruf noch spannender, schöner und zufriedenstellender.«

Über Safran und andere Gewürze

Im Laufe der Jahre hat sich Hannes Pinterits unglaublich viel Wissen angeeignet. Und es war ihm immer wichtig, dieses nicht für sich zu behalten. Als er 2005 die Arbeitsgemeinschaft »Pannonischer Safran« gründete, setzte er sich folgendes Ziel: Durch den Informationsaustausch mit möglichen Produzenten sollte in Österreich, Deutschland, der Schweiz und in Südtirol der Anbau von *Crocus sativus* wiederbelebt werden. Das ist ihm eindeutig gelungen. Und seit 2019 geht er noch einen Schritt weiter. Zwischen Siegendorf und Eisenstadt hat er auf einem Bauernhof das *Safranoleum* eröffnet. Neben Safran baut Hannes Pinterits nämlich seit einigen Jahren auch weitere Gewürze wie Majoran und Fenchelpollen an und produziert Würzöle. Das Spezielle daran: Die Gewürze werden nicht einfach nur in Öl eingelegt. Vielmehr werden sie mit den reifen Sonnenblumenkernen kalt gepresst. Dadurch entsteht beispielsweise ein Thymian-Sonnenblumenöl oder ein Majoran-Sonnenblumenöl. Im *Safranoleum* – nomen est omen – will er nun sein ganzes Fachwissen einem breiten Publikum näherbringen. Auf dem Bauernhof mit Safranfeld sowie Gewürz- und Ölmühle dürfen die Besucher die Gewürze in allen Wachstumsstadien erleben und erhalten wertvolle Informationen zu den einzelnen Produkten. »Es ist ja nur konsequent, den Leuten die Interaktion mit mir zu ermöglichen«, sagt er. »Viele wollen nicht nur die roten Safrannarben sehen. Für sie wird ein Produkt erst dann so richtig interessant, wenn sie es richtig erleben können.«

7.

Farbstoff

Gelbe Königsschuhe

Safrangelb hat eine starke symbolhafte Bedeutung. Diese Farbe wurde früher mit Gold gleichgesetzt und stand für Wohlstand, Luxus, Macht und das Göttliche. In der griechischen und römischen Mythologie trugen Göttinnen, Musen und Nymphen safranfarbige Kleider. Und die persischen Könige liessen sich die Schuhe mit Safran färben.

Nomen est omen. Safran heißt auf Persisch und Arabisch *Zafaran* und steht für »das Gelbe«. Die erste Silbe *Za* deutet dabei auf Gold hin. Den Namen hat der Safrankrokus seinen Narben zu verdanken, die eine stark gelb färbende Eigenschaft besitzen. Verantwortlich dafür ist das Crocin, das neben Safranal (Aroma) und Picrocrocin (Bitterstoff) zu den drei wichtigsten Inhaltsstoffen des Safrans zählt. Crocin färbt gelb bis orangerot. Es kommt in zahlreichen Krokuspflanzen vor und gehört zur Klasse der Carotinoide. Es ist wasserlöslich und hat den Vorteil, dass es ohne chemische Bindemittel, wie beispielsweise Lack, als Farbstoff eingesetzt werden kann. In Safran ist Crocin in sehr hoher Konzentration vorhanden. So hoch, dass ein Gramm Safrannarben ausreichen, um 300 Liter Wasser zu färben.

Farbe für Götter, Könige und Frauen

Bereits in der Antike hatten Farben eine symbolische Bedeutung. Die Farbe Gelb stand, neben Weiß, für das Reine und wurde in Anlehnung an Gold als heilige Farbe angesehen. Safrangelb war aufgrund seiner Exklusivität die kostbarste aller gelben Farben. Sie symbolisierte das Überirdische, Göttliche,

Luxuriöse und Würdige, aber auch das Lüsterne. Im antiken Griechenland und in der griechischen Mythologie trug vor allem das weibliche Geschlecht mit Safran gefärbte Kleider. Dazu zählten Göttinnen, Prinzessinnen, Heldinnen, Musen und Nymphen. So bekleidete die Liebesgöttin Venus die Sagenfigur Medea mit ihrem eigenen Kleid, in das Safranfäden eingewoben waren. Die Göttin Athene, die für Weisheit, Strategie und Kampf steht, trug ein safranfarbenes Kleid, dekoriert mit roten und goldenen Fäden. Heldinnen und Göttinnen erhielten im antiken Griechenland in Anlehnung an das Göttliche, Überirdische und Kostbare oft den Beinamen »kroko-«, abgeleitet von Krokus. Die Männer bedeckten ihre Körper hingegen selten mit gelben Gewändern. Anders im Orient. Dort war gelb für beide Geschlechter ein Symbol für Reichtum und Macht.

Die Römer übernahmen von den alten Griechen viele Bedeutungen der Farbe Gelb. Safrangelb stand auch bei ihnen für Kraft, Macht, Prunk, materiellen Wohlstand, Liebe und sexuelle Reife sowie für die Sonne. Frauen trugen häufig eine safrangelbe Stola, und bei einer Hochzeit schmückte sich die Braut mit einem mit Safran gefärbten Schleier. Er war Ausdruck für ein langes und gesundes Leben und symbolisierte Gebärfähigkeit. Wie bei den Griechen waren auch bei den Römern die gelben Kleidungsstücke den Göttinnen und Frauen vorbehalten. Für Männer waren sie teilweise gar verboten oder verkörperten Transsexualität oder Impotenz.

Frühe Belege der Färbekunst

Erste Belege über Textilien, die mit Safran gefärbt wurden, finden sich um 3000 v. Chr. in den altorientalischen epischen Dichtungen über Gilgamesch, einen bedeutenden Herrscher der Sumerer. Ob Gilgamesch als wichtige Figur der Antike tatsächlich gelebt hat, ist nicht vollständig belegt. Sein Wirkungsgebiet soll im ehemaligen Mesopotamien, also zwischen den Flüssen Euphrat und Tigris, gelegen haben. Heute zählt die Gegend zum Irak. In den epischen Dichtungen über den damaligen Herrscher wird Safran als Farbstoff aufgeführt. Erwähnt ist auch, dass lediglich die oberste Bevölkerungsschicht mit Safran gefärbte Kleider tragen durfte. Vermutlich stammte die gelbe Farbe aber nicht von *Crocus sativus*, sondern von *Crocus cartwrightianus*, also dem wilden Safrankrokus. Dies dürfte auch bei gelb eingefärbten Mumienbinden der Fall sein, die Archäologen in Gräbern der alten Ägypter fanden. Um 2000 v. Chr. ist die Färbekraft von vermutlich wildem Safran auch auf einer in Keilschrift geschriebenen akkadischen Tontafel festgehalten. Diese wurde im Gebiet des heutigen Irak gefunden.

Die ersten Belege von *Crocus sativus* stammen aus der Minoischen Kultur in der Zeit zwischen 2600 und 1450 v. Chr. Diverse archäologische Funde deuten darauf hin, dass die Minoer bereits Webstühle besaßen und mit tierischen und pflanzlichen Farben Stoffe einfärbten. Als gelbe Färberpflanzen erwähnten sie in Schriftstücken *Crocus sativus*, *Reseda luteola* (Färber-Wau), *Iris unguicularis poir* (Winteriris) und *Carthamus tinctorius* (Färberdistel).

Zwei bedeutende Ausgrabungen dieser Zeit belegen den hohen Stellenwert von Safran zur Zeit der Minoer. Sowohl beim Königspalast von Knossos auf Kreta als auch in Thera, dem heutigen Akrotiri auf Santorini, fanden Wissenschaftler mehrere Fresken, die ausschließlich dem Thema Safran gewidmet waren. Unter anderem zeigen sie das Pflücken von Safran auf den Feldern. Auf mehreren Bildern tragen die Frauen safrangelbe Kleidungsstücke und auf der Haut aufgemalte oder tätowierte Safranmotive. Aufgrund der Ausgrabungen in Thera ist davon auszugehen, dass die Stadt zur Zeit der Minoer ein Zentrum der Weberei war. Die Minoer nutzten Safran sowohl für das Färben von Stoffen als auch für medizinische Anwendungen. Von Thera aus verschifften sie die gefärbten Kleider in den gesamten Mittelmeerraum.

Die Färberkunst und ihre Verbreitung

Im 7. Jahrhundert v. Chr. befand sich das Zentrum der Färberkunst in Sardes, der Hauptstadt des Königreichs Lydien. Heute heißt die Stadt Sart und liegt in der Türkei. Die Lydier waren ein in Handwerk und Gewerbe hoch entwickeltes Volk. Sie bepflanzten aber auch die weite und fruchtbare Hermesebene und erlangten dadurch materiellen Wohlstand. Beim Berg Tmolos, in der Nähe der Hauptstadt Sardes, kultivierten sie große Mengen Safran, den sie zum Färben von Gewändern, Schleiern, Tüchern, aber auch von Schuhen und Teppichen verwendeten. Viele ihrer Produkte exportierten sie ins angrenzende Griechenland und nach Persien.

Das Achämenidenreich, das erste persische Großreich vom 6. bis zum 4. Jahrhundert v. Chr., eroberte um 550 v. Chr. das Königreich Lydien und

übernahm von diesem das Handwerk, mit Safran zu färben. In der Folge trugen die persischen Könige safrangelbe Schuhe, und die königliche Garde wurde mit safranfarbenen Kleidern ausgestattet. Mit dem Persienfeldzug von Alexander dem Großen um 334 v. Chr. gelangte Safran nach Indien, nach Kaschmir und von dort bis nach China. Reiche Inder begannen daraufhin ihre Kleider mit den kostbaren Narben zu färben und demonstrierten damit Macht und Wohlstand. Für die buddhistischen Mönche wurde Safrangelb gar zu einer zentralen Farbe. Das safrangelbe Gewand symbolisiert für sie noch immer ein Leben in Glauben und Enthaltsamkeit.

Griechen und Römer führten Färbekunst fort

Die antiken Griechen hatten ebenfalls eine hoch entwickelte Färberkultur. Sie färbten aber nicht nur Seide und Wolle safrangelb. Die Mehrheit der Bevölkerung hellte sich auch die Haare mit einer Mischung aus Safran und Kaliumwasser auf. Und in der gehobenen Gesellschaft war es angesagt, Augenlider, Augenbrauen und Lippen mit Safrangelb zu kolorieren. Durch die Eroberung Griechenlands um 133 v. Chr. gelangte viel griechisches Wissen über die Färberei zu den Römern. Um Christi Geburt beschrieben der römische Gelehrte Plinius der Ältere und der griechische Arzt Pedanios Dioskurides Safran als Färbemittel. Safran war als Farbstoff jedoch sehr teuer. Um zehn Kilo Wolle damit einzufärben, benötigte man je nach gewünschter Farbintensität bis zu einem Kilo des roten Goldes. Für die gleiche Menge Seide waren etwa 500 Gramm nötig. Um die Farbe lichtbeständiger zu machen, wurden oft metallische Salze wie Eisensulfat oder Bleioxid beigegeben. Entsprechend wichtig war das Handwerk des Färbers. Wer von ihnen gut mit Safran umgehen konnte, hatte in der Gesellschaft einen besonderen Status und wurde Crocotarius, also Safranfärber, genannt. Neben der safrangelben Stola trugen die Römerinnen häufig gelb gefärbte Lederschuhe und Haarnetze. Zudem färbten auch sie sich die Haare safrangelb. Mit echtem Safran gefärbte Kleider konnte sich jedoch auch im alten Rom nur die Oberschicht leisten. Wesentlich günstiger waren Gewänder, die mit Färber-Wau oder Färber-Distel koloriert waren.

Mit Safran gefärbtes Hemd aus der Zeit der altpersischen Achämeniden (6. bis 4. Jahrhundert v. Chr.).

Süditalien wird Zentrum der Textilfärberei

Mit dem Ende des Römischen Reichs um das Jahr 480 ging in Westeuropa viel Wissen über die Färberkunst verloren. Im Orient und im Oströmischen Reich wurde das Handwerk jedoch weiterhin ausgeführt und stetig verbessert. Nach größeren Unruhen im Oströmischen Reich wanderten zwischen dem 6. und 9. Jahrhundert viele Färber nach Süditalien aus. Italien wurde dadurch zum führenden Land in der Textilfärberei. Die Kreuzzüge zwischen dem 11. und 13. Jahrhundert brachten zusätzliches Wissen über die Färberkunst nach Mitteleuropa. Zum Teil vergessene Farbstoffe, gewonnen aus Safran, Sandelholz oder der Indigopflanze, bereicherten auf einmal wieder das Spektrum der pflanzlichen Farben. In dieser Zeit bildeten sich auch die zahlreichen Färberzünfte. Eine der bekanntesten war die »Arte di Calimala« in Florenz, die hohe Qualitätsstandards von den Tuchfärbern verlangte.

Bedeutende Länder, in denen gefärbt und mit gefärbten Stoffen gehandelt wurde, waren neben Italien Holland und England. Aufgrund des hohen Preises wurde Safran im Mittelalter aber nur noch zum Färben sehr edler Stoffe eingesetzt. Bezugnehmend auf den teuren Safran hielt Johann Geiler von Kaysersberg, der bedeutendste deutsche Prediger des ausgehenden Mittelalters, um 1520 auf der Kanzel fest: »die weiber tragen gel schleyer alle wochen so müssen sie die schleyer wechseln und widerumb gel ferwen. Derum so ist der saffron so thür daz ist ein gewisse warheit.«

Safran in der Kunst

Die starke Färbekraft von Safran hat auch viele Künstler inspiriert, damit zu arbeiten. Die ältesten Farbpigmente aus Safran wurden im heutigen Irak gefunden und sind mehrere Zehntausend Jahre alt. Etwa fünftausend Jahre alte Pigmente konnten Forscher in Ägypten lokalisieren. Bei beiden Funden handelt es sich jedoch um Farbstoffe des wilden Safrankrokus. In der minoischen Kultur malten Künstler erstmals nachweislich mit *Crocus sativus*. Starke Beachtung erfuhr die Krokotos-Gruppe zwischen 520 und 510 v. Chr., eine kleine Gruppe attisch-griechischer Künstler, die in Ionien, der heutigen Westküste der Türkei, die Spätphase des Schwarzfigurigen Stils prägten. Den Namen Krokotos erhielten sie, weil sie auf die Vasen und Schalen diverse Tiere und Gewänder mit safrangelber Farbe malten.

Safran war in der Antike auch ein wichtiger Farbstoff, um Zinn, Silber, Leder oder Marmor wie Gold aussehen zu lassen. Im Gegensatz zu anderen Färberpflanzen hatte der Safrankrokus einen gewichtigen Vorteil: Das Gelb ließ sich sehr einfach nur mit den in Wasser eingelegten roten Narben herstellen. Zum Teil verwendeten Künstler auch Eidotter, Alkohol, Öl oder Honig als Bindemittel. Die Naturfarbe hatte aber auch einen klaren Nachteil: Wenn sie der Sonne ausgesetzt war, verblasste sie schnell. Aus dem Mittelalter existieren diverse Bilder, bei denen die gelben Safranpigmente bewusst mit blauen Farbpigmenten gemischt wurden, um die Farbe Grün zu erzeugen. Durch das Ausbleichen des Gelbanteils ist heute jedoch nur noch die Farbe Blau zu erkennen. Künstler versuchten deshalb immer wieder, Safrangelb beständiger zu machen, und gaben beispielsweise Bleioxid hinzu oder vermischten es mit anderen intensiv gelben Farbstoffen wie Kurkuma.

Safrangelb für Goldschriften in Büchern

Von der Antike bis ins Mittelalter spezialisierten sich Berufsschreiber und Mönche auf die Herstellung von Farbe mit Safran. Sie imitierten damit Goldschriften und verzierten Buchseiten mit Bildern, Initialen und Ornamenten. Wer dieses Handwerk beherrschte, war besonders angesehen. Als Standardwerk der Antike galt der *Leidener Papyrus X*, das wahrscheinlich älteste Dokument mit Rezepten zur Herstellung von Farben und zur Metallverarbeitung. Es stammt aus Ägypten und wurde im späten 3. oder frühen 4. Jahrhundert verfasst. Im *Papyrus* ist der Vorgang beschrieben, wie die gelbe Tinte herzustellen ist, um damit Gold zu imitieren. Demnach wurden Safranpigmente in der Regel mit Gallensaft von Fischen, Ochsen, Schildkröten oder Ziegen gemischt. Die Kombination von Safran und Gallensaft zur Herstellung von gelber Tinte ist auch im spätgotischen Musterbuch des Stephan Schriber erklärt. Um einen Goldton zu erhalten, wurde die gelbe Tinte oftmals auf einen Untergrund von Silber- oder Zinnfolie aufgetragen. Die Sammlung enthält Anleitungen zur Herstellung von Farben, kunstvolle Schriften und gezeichnete Muster. Sie diente im Mittelalter Künstlern und Werkstätten als Grundlage zum Ausschmücken von liturgischen Büchern.

Im spätgotischen Musterbuch des Stephan Schriber findet sich eine Buchmalerei, bei der Safran als Farbe verwendet wurde.

Safrangelb als RAL-Farbe

Durch neue Handelswege und die Entdeckung Amerikas kamen ab dem 15. Jahrhundert immer mehr alternative und günstige Farbstoffe nach Europa. Safran verlor seine Bedeutung als Gelbmacher in der Küche, der Färberei und der Kunst. Mit dem Beginn des Industriezeitalters und dem Aufkommen der Massenproduktion wurde das Färben mit Pflanzenfarbstoffen fast komplett durch synthetische Farbstoffe verdrängt.

Immerhin hat es Safrangelb als Norm in die Neuzeit geschafft. Die RAL-Farbe (normierte Farben, die die RAL gGmbH erstellt) mit der Nummer 1017 trägt nämlich den Namen Safrangelb. Sie ist seit der Unabhängigkeit Indiens vom 22. Juli 1947 auch Teil der indischen Flagge und schmückt den obersten der drei horizontalen Streifen. In der indischen Flagge steht die Farbe für Mut, Entsagung und Distanziertheit und soll symbolisch die Regierung daran erinnern, sich nicht nach dem Materiellen zu richten, sondern sich ihrer Aufgabe des Regierens zu widmen.

Das Färben von Speisen

Safran wurde in der römischen Küche auch zum Färben von Speisen verwendet. Eingefärbt wurden beispielsweise Butter, Käse und Brot. Viel bedeutender waren die roten Narben in der Küche des Mittelalters. Sie wurden als Gewürz und Farbstoff eingesetzt. Vor allem der Adel ließ sich die Gerichte gerne in allen möglichen Varianten einfärben. Gelbe oder eben goldfarbene Speisen standen für Glück und waren demensprechend begehrt.

RAL 1017

Safrangelb
Saffron yellow
Jaune safran
Amarillo azafràn
Giallo zafferano
Saffraangeel

8.

Medizin

Ein Allheilmittel

Vom Beruhigungsmittel, Entzündungshemmer, Lustförderer bis zur Droge: Das Anwendungsgebiet von Safran ist vielfältig. Viele Forscher sind überzeugt, dass die wertvollen Inhaltsstoffe gegen viele Krankheiten eingesetzt werden können. Ist Safran also weit mehr als nur ein Gewürz?

Safran war bereits in der minoischen Kultur ein bedeutendes Heilmittel. Etwa um 1600 v. Chr. wurde die antike Stadt Thera (heute Akrotiri) auf Santorini durch einen Vulkanausbruch völlig zerstört. Sie konnte in den vergangenen Jahrzehnten teilweise freigelegt werden. Dabei kam auch ein dreistöckiges Gebäude zum Vorschein. Es trägt den wissenschaftlichen Namen Xeste 3. Darin fanden die Archäologen drei große Fresken, die ausschließlich dem Thema Safran gewidmet sind. Eine Freske im obersten Stockwerk zeigt zwei junge Frauen beim Pflücken des roten Goldes. Beim zweiten Bild ist eine Göttin in Szene gesetzt. Ihr wird eine Schale mit Safran gereicht. Diverse Theorien gehen davon aus, dass es sich bei ihr um eine Safrangöttin handeln könnte, welche die Herstellung von Arzneimitteln aus Safran überwacht. Die dritte Wandmalerei im mittleren Geschoss stellt eine sitzende Frau dar, die sich am Fuß verletzt hat. Hinter ihr im Bild sind mit Safran bewachsene Hügel zu sehen, neben ihr zwei Safranpflückerinnen. Eine Hand der Frau bewegt sich zum blutenden Knöchel hin. Unter diesem befindet sich eine Safranblüte mit den drei roten Narben. Man nimmt an, dass damit die heilende Wirkung von Safran symbolisch dargestellt worden ist. Einige Wissenschaftler sind der Meinung, dass es sich bei Xeste 3 um eine kultische Stätte mit angeschlossener medizinischer Versorgung handeln könnte, bei der Safran als Heilmittel eine

zentrale Bedeutung eingenommen hat. Die Anordnung der Räume, mit einem Warteraum und mehreren Behandlungsräumen, könnte diese These stützen.

Eine frühe Erwähnung von Safran als Medizin findet sich auch im *Papyrus Ebers* um 1575 v. Chr. Die rund 20 Meter lange Schriftrolle aus dem alten Ägypten zählt zu den ältesten Texten mit medizinischem Inhalt. Erstellt wurde sie von ägyptischen Priestern. Die Aufzeichnungen gehen auf die Behandlung diverser Krankheiten ein und geben Anweisungen für die Zubereitung von Heilmitteln. Safran wird darin erwähnt als Mittel gegen Augenkrankheiten, Gicht, Nerven-, Glieder-, Blasen-, Nieren- und Leberleiden, Anämie, eitrige Wunden und zur Stärkung des Herzens.

Aus der Epoche des assyrischen Herrschers Assurbanipal um 650 v. Chr. findet sich ein ausführlicher Beleg über die große medizinische Bedeutung von Safran im Gebiet der heutigen Staaten Syrien, Irak und in Teilen der Türkei. Der Eintrag nimmt Bezug auf mehrere Hundert Jahre Erfahrung mit Safran als Heilmittel.

Rund zwei Jahrhunderte später beschreibt der griechische Arzt Hippokrates (460 bis 370 v. Chr.), der als bekanntester Arzt des Altertums gilt, die positive Wirkung von Safran. Über die Seidenstraße gelangte das rote Gold ab etwa 250 v. Chr. vermehrt auch nach Indien und bis nach China. Im chinesischen Buch über Ackerbau und Heilpflanzen *Shennong ben cao Jing* wird Safran im Jahr 200 v. Chr. neben Ginseng, Eisenhut und anderen Pflanzen als Heilmittel erwähnt.

Fresko in Thera (Akrotiri) mit der Darstellung einer sitzenden Frau mit blutendem Knöchel.

Entzündungshemmend bis lustfördernd

Im 1. Jahrhundert entstand mit der *Materia medica* die wichtigste und einflussreichste schriftliche Arzneimittelsammlung der Antike. Sie blieb bis ins 16. Jahrhundert Grundlage für viele Rezepte. Verfasst wurde sie vom Arzt Padanios Dioskurides. Insgesamt beschreibt er rund tausend Heilmittel und Rezepturen zur Heilung oder Linderung von Krankheiten. Safran führt er mehrmals als verdauungsförderndes und harntreibendes Mittel auf. Weiter empfiehlt er ihn gegen Augen- und Ohrenflüsse und lobt dessen aphrodisierende Wirkung. Letztere findet sich in der Literatur immer wieder. Vor allem Frauen haben in der Antike häufig Safran zur Lustförderung eingenommen, so auch Kleopatra. Ebenfalls im 1. Jahrhundert entstanden zwei weitere bedeutende medizinische Werke. In der *Naturalis historia* empfiehlt der römische Gelehrte Plinius der Ältere Safran als wertvolle Arznei gegen das Zusammenziehen der Gebärmutter, also als krampflösend, und veröffentlicht eine Rezeptur gegen Epilepsie. Diese stellte er aus Safran, Akaziensaft und kretischem Wein her. Zur selben Zeit empfiehlt der Medizinschriftsteller Aulus Cornelius Celsus Safran gegen Krankheiten der Gebärmutter und gegen übermäßige Menstruation. Wie viele Autoren führt er Safran als krampflösend, beruhigend und entzündungshemmend auf. Eingesetzt wurde die Pflanze häufig bei Husten, Gicht, Gelbsucht, Lungen-, Nieren-, Blasen und Lebererkrankungen, Magenschmerzen, Asthma und zur Beschleunigung der Entbindung. In Persien trugen deshalb früher schwangere Frauen in der Magengrube oft ein Bündel aus Safran, was eine schnelle Geburt bewirken sollte. In der Antike wurden auch Salben, Arzneipflaster und beruhigende Duftöle mit Safran eingesetzt.

Begehrte Klostermedizin

Vom 6. bis zum 12. Jahrhundert beeinflusste die Klostermedizin zu einem wesentlichen Teil die mittelalterliche Medizin. Sie wurde von Mönchen ausgeübt, basierte auf den Lehren von Hippokrates und Galenos und hatte vor allem die Pflanzenheilkunde zum Inhalt. Das älteste erhaltene Buch über Klostermedizin ist das *Lorscher Arzneibuch* aus dem Jahre 785. Entstanden ist es im Benediktinerkloster Lorsch bei Worms. Der Hauptteil besteht aus einer Sammlung von 482 Rezepten griechisch-römischer Tradition, in denen rund zweihundert Heilpflanzen enthalten sind. In allen Rezepten ist am häufigsten Pfeffer aufgeführt, gefolgt von Zimt und Safran, Letzterer in fast hundert Rezepten. Das zeigt, wie bedeutend Safran als Arzneimittel war. Das *Lorscher Arzneibuch* gilt als Meilenstein in der Medizingeschichte. Es führte die Erkenntnisse der antiken griechisch-römischen Medizin mit der damaligen christlichen Glaubenshaltung zusammen.

Arabische und persische Ärzte beeinflussen westliche Medizin

Obwohl das *Lorscher Arzneibuch* Safran als wichtiges Heilmittel aufführte, verlor das rote Gold in der medizinischen Anwendung zunehmend an Bedeutung. Das änderte sich durch zwei Gelehrte. Der persische Mediziner Abu al Sina, im Westen unter dem Namen Avicenna bekannt, schrieb um 980 bis 1037 etwa zweihundert medizinische Schriften. Der Arzt, Naturwissenschaftler, Philosoph und Alchemist war einer der berühmtesten Gelehrten des islamischen Kulturkreises. Er galt als Befürworter der experimentellen Medizin und beschrieb Safran als wichtiges Heilmittel gegen diverse Krankheiten. Zur Stärkung des Gedächtnisses empfahl er die tägliche Einnahme eines Löffels Safran mit Honig und Weihrauch. Zur Stärkung der Sehkraft verschrieb er Safran zusammen mit Weihrauch und Myrrhe. Seine Lehren wurden Teil des medizinischen Curriculums und in westlichen Universitäten bis ins 17. Jahrhundert gelehrt. Ein weiteres bedeutendes Werk kam im 11. Jahrhundert mit der Übersetzung des Buchs *Taqwim as-sihha* des arabischen Arztes Ibn Butlan in den Westen. Dieser lebte in der Mitte des 11. Jahrhunderts in Bagdad. Seine Handschriften, die in ihrer Gesamtheit eine Art Gesundheitsratgeber darstellten, beschrieben diverse Heilwirkungen von Pflanzen, unter anderem von Safran. Am Hofe von König Manfred von Sizilien (1258–1266) entstand unter dem Titel *Tacuinum sanitatis* eine lateinische Übersetzung der arabischen Originalfassung. Ab 1380 illustrierte Giovannino de' Grassi eine gekürzte Fassung mit 169 Bildern und stellte auch eine Safranpflückerin dar. Der *Tacuinum sanitatis* galt in der Folge als wichtiges Basiswerk der Medizin. Safran wurde demnach aufgrund seiner beruhigenden, krampflösenden und antibakteriellen Wirkung eingesetzt und oft mit Tee, Wein oder Milch bei Magen-, Leber- und Menstruationsbeschwerden, depressiven Zuständen, Asthma, Husten und Zahnfleischproblemen verabreicht. Während der Beulenpest im 14. Jahrhundert galten die roten Narben wegen ihrer antibakteriellen Wirkung geradezu als Wundermittel. Der Preis für Safran stieg dadurch ins Unermessliche.

Safran blieb auch in den folgenden Jahrhunderten ein wichtiges Heilmittel. 1539 schreibt der deutsche Botaniker, Arzt und Prediger Hieronymus Bock in seinem Hauptwerk, dem *New Kreütter Buch*, über Safran: »Ist gut dem Milz, bringt begierd zur Unkeuschheit, machet wol harnen und machet gut Geblüt.« 1671 verfasst der deutsche Mediziner Johann Ferdinand Hertodt von Todenfeld mit *Crocologia seu curiosa Croci Regis* gar ein umfangreiches Werk über Safran. Darin führt er mehrere Rezepte zur Behandlung von Krankheiten wie Durchfall, Wassersucht oder Hypochondrie auf und schreibt, dass es nur wenige Rezepte gebe, in denen Safran nicht vorkomme. Kombiniert wurde Safran zu dieser Zeit oft mit Lilien- und Rosenblüten. Mit dem Niedergang der mitteleuropäischen Safrankulturen um 1900 verloren die roten Narben auch als Heilmittel an Bedeutung.

Der »lachende Tod« – Safran als Narkotikum und Opiat

Opiate sind stark wirkende Schmerz- und Betäubungsmittel mit hohem Suchtpotenzial. Bei der engen Definition des Begriffs zählen alle Mittel, die Morphin enthalten, zu den Opiaten. Das ist beim Safran nicht der Fall. Nach der weiter gefassten Definition ist ein Opiat eine Substanz mit morphinähnlicher Wirkung. Bei dieser Begriffserklärung fällt Safran unter die Kategorie der Opiate.

Pharmakologisch hat Safran eine schmerzstillende, krampflösende und stimmungsaufhellende Wirkung. Die Kombination dieser drei Effekte ist kennzeichnend für ein Opiat im weiteren Sinn. In der Volksmedizin wird Safran daher ähnlich wie Hopfen als Beruhigungsmittel, zur Linderung von Krämpfen, aber auch als Antidepressivum eingesetzt. Die lateinische Redewendung »dormivit in sacco croci«, was so viel heißt wie: »Er schlief in einem Bett aus Safran«, beschreibt diesen Zustand unbeschwerter Freude, Glückseligkeit und Entspannung. Auch Adam Lonitzer, deutscher Naturforscher, Arzt und Botaniker, der in Kräuterbüchern die Pflanzen nach medizinisch-pharmazeutischen Aspekten abhandelte, schrieb im 16. Jahrhundert, dass Safran »ein fröhlich und gut Geblüt« mache. Entscheidend für die Wirkung als Heilmittel oder Opiat ist jedoch die Dosierung. In geringen Mengen ist Safran sehr gesund. Ein täglicher Konsum von etwa 0,05 Gramm, also rund 30 Narben, hat positive gesundheitliche Auswirkungen. Wird Safran jedoch hoch dosiert, ist er giftig. Ab einer Tagesdosis von mehr als einem Gramm sind unerwünschte Nebenwirkungen feststellbar. Fünf bis zehn Gramm wirken narkotisierend, ab zehn Gramm wird die Einnahme kritisch. Dazu gibt es mehrere historische Quellen. Sie besagen, dass Safran ab einer Menge von zehn Gramm eine berauschende Wirkung hat, mit Halluzinationen und unkontrolliertem Lachen. So soll im Mittelalter in Trient eine Person nach übermäßigem Safrankonsum drei Stunden lang ununterbrochen gelacht haben. Nach dieser heiteren Phase kommen Herzklopfen, Schwindel, Sinnestäuschungen, Erbrechen und blutige Durchfälle hinzu. Dann setzt die Lähmung des zentralen Nervensystems ein. Schließlich erfolgt der Tod. Dieser tritt je nach Quelle bei einer Einnahme von 12 bis 20 Gramm ein und wird als »lachender Tod« bezeichnet.

In der Antike und im Mittelalter wurde Safran als Rauschmittel konsumiert. Dazu gibt es ein Sprichwort aus der französischen Volkssprache des Mittelalters: »Le fol na que faire de saffren« und auf lateinisch »croco stultus non eget«. Was übersetzt heißt: »Der Dumme (oder der Narr) braucht keinen Safran mehr.« Oft wurden die roten Narben auch dem Wein beigemischt, um die berauschende Wirkung des Alkohols zu verstärken. Dies beschreibt im Jahre 1632 Peter Lauremberg, Professor für Poesie, Medizin und Mathematik an der deutschen Universität Rostock, in seinem Werk *Apparatus plantarius* folgendermaßen: »Die Sache von der in der Seele hervorgerufenen Heiterkeit durch die Aufnahme von Safran ist bei Medizinern und Botanikern sehr bekannt, bei denen im Versuch bewiesen wurde, dass circa drei Drachmen Safran (13,5 bis 18 Gramm) mit Wein vermischt getrunken die Menschen mit so großer Fröhlichkeit erfüllen, dass es diesen geschieht, dass sie in exzessives Gelächter ausbrechen, sie Betrunkenen gleich werden, oft sogar ihren Verstand verlieren und unter Gelächter entweder sterben oder in große Gefahr geraten.«

In der Antike wurden größere Mengen der roten Narben als Narkotikum verwendet. Das hatte den Vorteil, dass Patienten bei einer Operation entspannt und fröhlich waren und wenig Schmerzen verspürten. Es war aber nicht immer einfach, die richtige Dosierung zu finden.

Es gibt diverse Belege, dass Safran auch als Gift eingesetzt worden ist, um unliebsame Leute zu beseitigen. Oft fügte man für diesen Zweck größere Mengen der roten Narben dem Wein bei. Gerade die Familie der Medici soll diese Methode angewendet haben, um den einen oder anderen Widersacher loszuwerden. Im Altertum und Mittelalter wurden hochdosierte Safranmengen auch eingesetzt, um Schwangerschaften abzubrechen. Erwähnt ist dies im *Corpus Hippocraticum*, einer Sammlung aus etwa sechzig medizinischen Texten, die um 300 v. Chr. in Alexandria zusammengetragen worden sind. Es wird beschrieben, dass der vorsätzliche Abort bei etwa zehn Gramm Safran einsetze. Dabei wurde das Risiko eingegangen, dass auch die Frau starb. Der westpreußische Professor Louis Lewin, Pharmakologe, Toxikologe und Autor, wollte es genau wissen. Er erforschte die Wirkung diverser Gifte und trat in Gerichtsverhandlungen als Gutachter auf. Gemäß eigener Angaben soll er unzählige Gifte und drogenähnliche Substanzen selbst ausprobiert haben. Über den Safran schreibt er 1929 nach einem Selbstversuch, dass er »nach längerer Einatmung seiner flüchtigen Bestandteile Vergiftungen erzeuge«.

PO
CREST
BRAND
LAUDANUM
POISON
DIRECTIONS
Three months old 2 drops
One year old 4 drops
Four years old 6 drops
Ten years old 14 drops
Twenty years old 25 dps.
Adults ...... 30 drops
EDWARD D. DEPEW & Co.
14 & 16 HARRISON ST.
NEW YORK.

Ab dem 16. Jahrhundert wurde verbreitet eine opiathaltige Lösung eingesetzt, die Paracelsus erfand. Der Arzt, Alchemist und Naturforscher kam 1493 in der Schweiz, im Kanton Schwyz, zur Welt. Er lebte und wirkte in verschiedenen Städten in Deutschland, Österreich und der Schweiz. Zu einer seiner größten Erfindungen zählte die Opiumtinktur Laudanum. Sie bestand aus 90 Prozent Alkohol (oft Wein) und rund zehn Prozent Opium. Verfeinert wurde sie mit diversen Gewürzen, unter anderem mit Safran. Eingesetzt wurde Laudanum zur Krampflösung und Schmerzlinderung. Zu einem Verkaufsschlager wurde das Heilmittel im 17. Jahrhundert dank der Weiterentwicklung durch den englischen Arzt Thomas Sydenham. Neben Safran gehörten bei ihm Nelken, Weihrauch, Wacholderbeeren, Lavendel, Rose und Zimt in das berauschende Mittel. Dabei soll Safran die Wirkung des Opiums verstärkt haben. Laudanum war frei erhältlich und außerdem günstig. Es galt bis ins 19. Jahrhundert als Allerweltsmittel und wurde sogar unruhigen Kindern zur Beruhigung verabreicht. Aus dieser Zeit stammt der Begriff, Safran sei ein »Opium für die Kinder«. Beliebt war die Tinktur bei Künstlern, die sie zur Horizonterweiterung einnahmen. Oft in hohen Dosen. Zu den bekanntesten Laudanumkonsumenten gehörten unter anderem der englische Lyriker Samuel Taylor Coleridge, die Schriftsteller Johann Wolfgang von Goethe, Charles-Pierre Baudelaire, Edgar Allan Poe, Thomas de Quincey und Edward Williams. Gegen Ende des 19. Jahrhunderts wurde Laudanum durch wirksamere Medikamente abgelöst und Anfang des 20. Jahrhunderts verboten.

Viele Künstler nahmen die unter anderem mit Safran verstärkte Opiumtinktur Laudanum zur Anregung ihrer Schaffenskraft ein.

Safran in der modernen Medizin

Safran besitzt rund hundertfünfzig Inhaltsstoffe. Bei einigen davon ist eine medizinische Wirkung nachweisbar. Erforscht ist Safran in dieser Hinsicht aber noch wenig. Gestützt auf die positiven Erfahrungen, die diverse Völker in den vergangenen viertausend Jahren mit Safran als Heilmittel gesammelt haben, befasst sich die heutige Medizin und Pharmakologie wieder vermehrt mit dem roten Gold.

Ausgiebig erforscht sind die drei wichtigsten Inhaltsstoffe des Safrans: Safranal, Crocin und Picrocrocin. Crocin zählt zu den Carotinoiden; ihnen wird eine große gesundheitliche Bedeutung beigemessen, da sie im Körper als Antioxidantien wirken und die Zellen vor freien Radikalen schützen. Sie sind entzündungshemmend, antibakteriell, schmerzlindernd und krampflösend und sollen vorbeugend gegen viele Krankheiten wirken wie Krebs, Arteriosklerose, Rheuma, Alzheimer, Parkinson, Grauem Star oder auch gegen die Hautalterung. Studien haben gezeigt, dass kaum eine andere Pflanze einen so hohen Anteil an Antioxidantien aufweist wie Safran. Aber auch die anderen chemischen Inhaltsstoffe des Safrans sind für die Medizin interessant, etwa der Aromastoff Isophoron sowie Mineralstoffe wie Kalzium, Kalium, Magnesium oder Eisen. Zudem enthält Safran diverse Flavonoide, also sekundäre Pflanzenstoffe mit antioxidativen und entzündungshemmenden Eigenschaften (Hesperidin, Quercetin, Rutin und Luteolin), sowie Vitamin C, Vitamin B2 und geringe Mengen von Vitamin A.

Safran als Antidepressivum

In der medizinischen und pharmakologischen Forschung der letzten Jahre belegen mehrere Studien aus dem Iran, aus Spanien und den USA die antidepressive Wirkung von Safran. Verantwortlich dafür ist der Inhaltsstoff Crocin. Die Studien bestätigen das Wissen, das sich Mediziner seit der Antike über das rote Gold angeeignet haben. Sie kommen zu dem Schluss, dass Safran wie ein leicht oder mittel dosiertes Antidepressivum wirken kann. Dabei gehen sie von einer Einnahme von rund 20 bis 30 Safranfäden pro Tag über einen Zeitraum von mehreren Monaten aus.

Ähnlich verhält es sich beim Prämenstruellen Syndrom (PMS). Auch hier bestätigen Forschungsergebnisse aus dem Iran und aus Japan die Erfahrungen, welche die Medizin in der Vergangenheit gesammelt hat. Die Symptome von PMS zeigen sich häufig kurz vor der Regelblutung in Form von Stimmungsschwankungen, Hautunreinheiten, Wassereinlagerungen oder Brustspannen. Safran soll einen positiven Einfluss auf den Hormonspiegel haben und die Symptome lindern.

Als Potenzmittel und gegen Makuladegeneration

Safran wirkt auch als natürliches Potenzmittel für den Mann, wie eine wissenschaftliche Studie aus dem Iran aufzeigt. Demnach hat Safran positive Effekte auf Männer, die aufgrund der Einnahme des Antidepressivums Fluoxetin Erektionsstörungen haben.

Diverse Studien kamen auch zu dem Schluss, dass eine Langzeiteinnahme von Safran zu einer Stärkung der Sehkraft führen und gegen die Makuladegeneration – die altersbedingte Schwächung der Sehkraft – wirken kann. Gemäß einer französischen Publikation soll Safran auch bei der Gewichtsabnahme unterstützend helfen. Zum einen reduziere der Bitterstoff Picrocrocin die Lust auf Süßes, und zum anderen komme auch hier der stimmungsaufhellende Effekt des Safrans zum Tragen: Menschen mit einer guten Gemütsverfassung tendieren weniger zu Übergewicht.

Immer mehr Studien untersuchen auch die These, ob Safran aufgrund seiner vielen Antioxidantien vorbeugend gegen Krebs und die Entstehung von Tumoren wirken kann. Man vermutet, dass das Crocin gewisse Zellen vor oxidativen Schäden durch freie Radikale schützt. Auch zu Alzheimer gibt es erste Studien, die der Frage nachgehen, ob Crocin positive Eigenschaften auf die kognitiven Fähigkeiten des Gehirns hat und die Krankheit weniger stark fortschreiten lässt. Andere klinische Studien untersuchten, ob Safran die Konzentrationsfähigkeit verbessern, Herz-Kreislauf-Probleme lindern, die Hautregeneration unterstützen und das Immunsystem stärken kann.

Safran in der Homöopathie und der traditionellen chinesischen Medizin

In der Alternativmedizin gewann Safran in den vergangenen Jahren stark an Bedeutung. Die Anwendungsgebiete sind die historisch überlieferten, ergänzt mit der medizinischen Erfahrung von heute. Im Zentrum steht auch hier vor allem die entzündungshemmende, entspannende und antidepressive Wirkung von Safran.

Er ist auch ein wichtiger Bestandteil in der traditionellen chinesischen Medizin. In der chinesischen Lehre regt Safran die Lebensenergie an, stärkt das zentrale Nervensystem und hilft dabei, Giftstoffe aus dem Blut herauszulösen. Die Anwendungsgebiete sind die gleichen wie in der Alternativmedizin. So wird Safran bei Entzündungen, Verdauungsstörungen, Fieber, Krämpfen Stoffwechselerkrankungen, Regelblutungen, Unruhezuständen, Asthma, Husten, Potenzproblemen und zur Anregung des Kreislaufes eingesetzt. Ähnlich sind die Anwendungsgebiete in der Aromatherapie.

Safran in der indischen Heilkunst Ayurveda

In Indien und Asien ist Ayurveda eine weitverbreitete Heilkunst der traditionellen Alternativmedizin. Im Zentrum steht die Prävention und dabei die Ernährung. Nach der ayurvedischen Lehre wirkt sich Safran wie auch Zimt, Honig, Reis und Kardamom positiv auf die Gesundheit aus. Er verleiht dem Menschen Liebe, Mitgefühl und Hingabe, wirkt beruhigend und entkrampfend, fördert die Verdauung und hat eine erhitzende, energetisierende und revitalisierende Wirkung. Weiter regen die roten Narben den Kreislauf und den Stoffwechsel an, regulieren die Leber und die Milz, verbessern das Gedächtnis und fördern den Gewebeaufbau im Körper. Safran wird im Ayurveda bei vielen Krankheiten eingesetzt, so bei Depressionen, Lebererkrankungen, als Mittel gegen Durchfall oder bei Menstruationsbeschwerden. In der ayurvedischen Küche wird er oft mit Milch oder Honig vermischt.

Wann kommt der Safran aus dem Labor?

Um Safran in der Medizin breit einzusetzen, müsste er in viel größerer Menge und wesentlich günstiger verfügbar sein. Seit Jahrzehnten versuchen Wissenschaftler, die Inhaltsstoffe des Safrans zu analysieren, um sie in einem zweiten Schritt unter Laborbedingungen künstlich herzustellen.

Forscher der Universität Freiburg im Breisgau und des Casaccia Research Centre in Rom sind dem künstlichen Safran ein Stück nähergerückt. Sie untersuchten die Safrannarben während ihres Wachstums. Dabei stießen sie auf ein sehr aktives Schlüsselenzym, das Carotinoid Cleavage Dioxygenase 2 (CCD2). Dieses ist für die Synthese von Safranal, Crocin und Picrocrocin aufgrund der Spaltung eines Vorläufercarotinoids verantwortlich. Das Forschungsteam schleuste daraufhin das Schlüsselenzym in Bakterien und Maispflanzen ein. Wie erhofft, führte dieses dort ebenfalls zur Spaltung des Vorläufercarotinoids, um Safranal, Crocin und Picrocrocin unabhängig von den Safrannarben herzustellen.

Es ist nicht das Ziel der Wissenschaftler, das Gewürz Safran künstlich herzustellen. Dafür sind die roten Narben mit den vielen Inhaltsstoffen zu komplex. Es könnte ihnen aber ein erster wichtiger Schritt in der biotechnologischen Reproduktion der drei wichtigsten Inhaltsstoffe gelungen sein. Für die medizinische Anwendung wäre dies von großem Interesse.

9.

Körperpflege

Kleopatras Safranbad

Die Inhaltsstoffe des Safrans haben es in sich. Sie wirken entzündungshemmend und pflegen die Haut. Bereits Kleopatra schminkte sich mit Safranpuder und badete in Safranwasser. Die heutige Kosmetikindustrie setzt wieder vermehrt auf Safran als wertvollen Inhaltsstoff.

In den vergangenen fünfundzwanzig Jahren analysierten diverse wissenschaftliche Studien die kostbaren roten Narben. Interessant für die Industrie sind vor allem die Carotinoide wie das Crocin. Carotinoide haben, zusammen mit weiteren Inhaltsstoffen des Safrans, eine positive Wirkung auf die Haut. Sie sollen pflegend wirken, eine gewisse Reparaturfunktion übernehmen, den Alterungsprozess hemmen und vor schädigenden Sonnenstrahlen schützen. Die Kosmetikindustrie hat daher in den letzten Jahren viele Produkte mit Safran auf den Markt gebracht. Neuere Studien belegen, dass die wertvollen Inhaltsstoffe nicht nur in den roten Narben enthalten sind, sondern auch in den Blüten- und Pflanzenblättern, den Pollen, dem Griffel und der Knolle.

Lange Tradition als Kosmetikum

Safran ist eine beliebte Ingredienz in Kosmetikprodukten. Bereits in der Antike gehörte es zum guten Stil, sich für öffentliche Auftritte wie Feste und Veranstaltungen ins beste Licht zu rücken. Wohlriechende Düfte wurden zudem häufig eingesetzt, um das sexuelle Begehren des Partners zu wecken. Sie fanden aber auch Verwendung für reinigende Rituale. In der Antike hatten sich einige Städte entlang des Mittelmeers darauf spezialisiert, Parfüms und Körperpflegeprodukte herzustellen. Dazu zählten die Stadtstaaten der Levante, also die Küstengebiete der heutigen Länder Libanon, Syrien und

Israel, sowie diverse Städte in Ägypten. Vor allem im alten Ägypten hatten Körperpflegeprodukte einen hohen Stellenwert. In zahlreichen Manufakturen stellten Spezialisten aus Harzen, Gewürzen und anderen Pflanzenbestandteilen Salben, Lippenbalsame, Duftöle und Parfüms her. Oft verwendete Inhaltsstoffe waren Weihrauch, Rosmarin, Salbei, Anis, Safran und Rosenblüten. Vor allem in Gesichtspflegeprodukten war Safran ein häufiger Bestandteil, weil er aufgrund seiner entzündungshemmenden und antibakteriellen Wirkung die Haut weicher und glatter machte und sie von Akne befreite. Die alten Ägypter verwendeten Safransalben aber auch zum Einbalsamieren der Mumien. Von der ägyptischen Königin Kleopatra ist überliefert, dass sie sich mit Safranpulver schminkte. In ihre Bäder soll sie jeweils einen viertel Becher Safran hineingegeben haben, um eine weiche und goldfarbene Haut zu bekommen.

Im antiken Griechenland und bei den Römern gaben die Frauen für Duftsalben und -öle, Puder sowie Parfüms sehr viel Geld aus. Auch Kaiser Marc Aurel soll wie Kleopatra ebenfalls regelmäßig in Safranwasser gebadet haben, weil es die Haut verschönerte und die Potenz stärkte.

Die Hersteller von Schönheits- und Pflegeprodukten bevorzugten damals wegen seiner guten Qualität den Safran aus Korykos, einer antiken Hafenstadt nahe dem heutigen türkischen Ferienort Kızkalesi.

Safran in Parfüms

Parfüms waren in der Antike sehr beliebt. Wissenschaftler fanden bei Ausgrabungen in der antiken griechischen Stadt Thera viele Flakons mit Safranmotiven. Die minoische Handelsmacht, die damals in Thera herrschte, exportierte diese in den gesamten Mittelmeerraum und bis in den Vorderen Orient. Diverse archäologische Funde belegen, dass auch im antiken Griechenland und bei den alten Ägyptern Parfüms mit Safran benutzt worden sind. Der römische Gelehrte Plinius der Ältere beschreibt im Jahre 77 in seiner *Naturalis historia* nicht weniger als fünfundachtzig verschiedene Pflanzenarten, die sich zur Parfümherstellung eignen. Darunter befinden sich neben Safran auch Granatapfelrinde, Zypresse, Kalmus, Bockshornklee und Majoran. Beliebt waren Parfüms, bei denen Safran mit Myrrhe kombiniert wurde. Wie die alten Ägypter und Griechen verwendeten die Römer Safran auch als Duftstoff bei religiösen Zeremonien. In Theatern, Bädern und öffentlichen Räumen versprühten sie ebenfalls Düfte mit Safran, um unliebsame Gerüche von Körperausdünstungen zu überdecken. Dies ordnete beispielsweise der römische Kaiser Publius Aelius Hadrianus, der um Christi Geburt lebte, für seine Theaterbesuche explizit an.

Mit dem Ende des Römischen Reichs verschwand Safran als Duftstoff in Parfüms fast vollständig. Parfüms wurden generell weniger häufig eingesetzt und bestanden vorwiegend aus Kräuter- und Lavendelwasser. Der Ausbruch der Pest im 14. Jahrhundert führte zu einer Renaissance des Parfüms. Wasser galt als Hauptträger des Schwarzen Todes. Deshalb entstand eine Abneigung gegen das Waschen. Safran wurde nun wieder ein Bestandteil von Duftstoffen. Diese dienten aber vorwiegend dazu, schlechte Gerüche zu überdecken. Im 19. und 20. Jahrhundert kam Safran in Parfüms und Körperpflegeprodukten nur noch selten vor. In dem 1805 erschienenen Buch zur *Kunst der Toilette für die elegante Welt* findet sich beispielsweise ein Rezept zur Herstellung einer gelben Lippenpomade, gefertigt aus Schweinefett, Wachs, Mandelöl, Walrat (eine fett- und wachshaltige Substanz aus dem Vorderkopf des Pottwals), Safran, Nelkenöl oder Bergamotteöl.

Als Kopf- und Herznote

Die moderne Parfümindustrie hat Safran als Duft neu entdeckt. Parfümeure komponieren jedes Parfüm mit drei unterschiedlichen Noten: der Kopfnote, der Herznote und der Basisnote. Die Kopfnote wird von der Nase zuerst wahrgenommen und verflüchtigt sich am schnellsten. Wer sich also einen Duft aufsprüht, erkennt zuerst die Kopfnote. Die Herznote bildet das Kernstück des Duftarrangements und ist lang anhaltend. Sie macht über die Hälfte des Parfüms aus und entfaltet ihre Wirkung etwa zehn Minuten nach der Verflüchtigung der Kopfnote. Die Basisnote geht eine intensive Verbindung mit der Haut ein und ist viele Stunden wahrnehmbar. Sie duftet an jeder Person anders und macht aus dem Parfüm einen individuellen Duft. Außerdem unterscheiden Parfümeure zwischen verschiedenen Duftfamilien, beispielsweise orientalisch, würzig, holzig, blumig oder zitrusartig. Safran gehört zur Familie der würzigen Düfte. Der Duft ist intensiv würzig, rauchig, ledrig und metallisch. Die Noten gehen von Tabak, Moschus und Jod bis hin zu Honig und Vanille. Safran kann sowohl als Kopfnote als auch als Herznote eingesetzt werden. Als Kopfnote harmoniert er gut mit Zitrusnoten wie Limette, Grapefruit, Zitrone, Orangen, Mandarine, aber auch mit Zitronengras, Bergamotte, Minze, Eukalyptus und Verbene. Wird Safran von den Parfümeuren für die länger anhaltende Herznote gewählt, passt er ausgezeichnet zu Rose, Geranie, Salbei, Melisse, Myrte und Lavendel. Als Basisnote harmoniert Safran mit Sandelholz, Vanille, Zimt, Wacholder, Weihrauch, Moschus, Zeder, Tabak und Leder. Düfte mit Safran passen zu allen Trägern, unabhängig vom Geschlecht.

10.

Mythen und Legenden

Das Blut des Krokos

Safran kommt in der Mythologie oft in Zusammenhang mit dem Göttlichen vor. So schlief Zeus mit seiner Gemahlin Hera in einem Bett aus Safran. Ein Missgeschick beim Diskuswerfen soll gar der eigentliche Grund für die Entstehung der Safranblüte sein.

Die Mutation des Wildkrokus zum heutigen Safrankrokus fand wie erwähnt um etwa 2000 v. Chr. in der Nähe von Athen statt. So verwundert es nicht, dass seine Entstehung in der griechischen wie auch in der römischen Mythologie beschrieben wird. Es gibt aber nicht die *eine* Geschichte. Von den meisten Mythen und Legenden entstanden im Laufe der Zeit abgewandelte Versionen. Hier sind einige erwähnt.

Eos – Göttin der Morgenröte

In der griechischen Mythologie ist der Safran der Göttin der Morgenröte, der Tempelhüterin Eos, geweiht. Sie ist die Tochter des Hyperion und der Theia. Der griechische Dichter Homer beschrieb Eos um 850 v. Chr. als anmutige, schön gelockte, rosenarmige und rosenfingerige Gottheit. Jeweils am Morgen erhob sie sich von ihrem Lager in ihrem safranfarbenen Kleid und spannte ihre beiden Pferde Lampos (Glanz) und Phaethon (Schimmer) vor ihren goldenen Wagen. Dem Sonnengott vorauseilend fuhr sie los, um den Sterblichen und den Unsterblichen den Tag zu verkünden.

Krokos und Hermes

Krokos, ein sterblicher Jüngling, und sein Freund, Götterbote Hermes, übten gemeinsam das Werfen mit einem Diskus. Dabei traf Hermes versehentlich Krokos mit dem Diskus am Kopf und verletzte ihn tödlich. Als Krokos zu Boden ging, fielen drei Blutstropfen in den Kelch einer Blüte. Aus den Blutstropfen entstanden die drei roten Safrannarben. Deshalb trägt Safran in der altgriechischen Sprache seit den Zeiten des großen Dichters Homer den Namen Krokos. Dieses Wort floss in die lateinische und die botanische Bezeichnung *Crocus sativus* ein.

Krokos und Smilax

Eine andere Legende besagt, dass die Nymphe Smilax in den Wäldern von Athen von Krokos leidenschaftlich geliebt worden sei. Doch die Beziehung endete in einer Tragödie. Die Götter duldeten die Romanze mit einem irdischen Wesen nicht und verwandelten Krokos in einen Safrankrokus mit drei roten Narben. Diese sollen symbolisch für immer an die Liebe der beiden erinnern. Auch Smilax wurde bestraft und von den Göttern in eine Stechwinde verwandelt.

Zeus und Hera

In der griechischen Mythologie erschuf der von Lust erfüllte Göttervater Zeus eine Wolke aus Safran, die ihn und seine Gemahlin Hera beim Liebesspiel von unerwünschten Blicken schützte. Ihr Bett war gefüllt mit Safrannarben und überall, wo sie sich dem Liebesspiel hingaben, soll Safran aus dem Boden gesprossen sein.

Alexander der Grosse

Alexander der Große schlug 327 v. Chr. während seines Feldzugs, mit dem er Zentralasien erobern wollte, in Kaschmir sein Zeltlager auf. Als er am Morgen aufwachte, erwartete ihn ein unglaubliches Naturschauspiel. Über Nacht waren Tausende Safrankrokusse rund um sein Zeltlager erblüht. Die Blütenfäden sollen seine Kleider goldgelb gefärbt haben. Er deutete dies als Zeichen der Götter und schlechtes Omen und ordnete daraufhin den Rückzug seiner Truppen aus Kaschmir an.

Viele Legenden, die in der Zeit der antiken Griechen entstanden sind, wurden von den Römern übernommen. So galt bei den Griechen Safran vielerorts als Symbol für Lust und sexuelle Potenz. Das war bei den Römern nicht anders. Einer Legende zufolge soll Safran überall dort aus der Erde gesprossen sein, wo sich die römischen Götter Jupiter und Juno geliebt haben. Bei römischen Hochzeiten war es üblich, Safran auf die Hochzeitsbetten zu streuen, was Fruchtbarkeit symbolisierte.

Safran war bei den Römern auch eine wichtige Opfergabe. Speziell wurde er der Jagdgöttin Diana geweiht. Diese trägt auf vielen Abbildungen ein safrangelbes Kleid. Auch Kaiser Nero liebte das rote Gold. Nachdem er im Jahre 66 an den Olympischen Spielen und diversen weiteren Wettkämpfen in Griechenland teilgenommen hatte, kehrte er mit mehreren Auszeichnungen nach Rom zurück. Dort ließ er sich bei einem Triumphzug im Circus Maximus feiern. Der Legende nach mussten ihm seine Untergebenen huldigen und beim Triumphzug die Straßen zum Circus sowie die Arena mit Safranblüten und Safrannarben bestreuen.

Safran im Alten Testament

Auch im Alten Testament wird Safran erwähnt, so im »Hohelied Salomons«, wie es Martin Luther in seiner Bibelübersetzung nannte. Der ursprüngliche Buchtitel lautete »Das Lied der Lieder«. Diese Sammlung zärtlicher, teilweise erotischer Liebeslieder wird auf das Jahr 500 v. Chr. datiert. In der Bibelstelle 4,12–15 ist der wunderbare Lustgarten, den Israel darstellt, folgendermaßen beschrieben:
»Meine Schwester, liebe Braut, du bist ein verschlossener Garten, eine verschlossene Quelle, ein versiegelter Born. Deine Gewächse sind wie ein Lustgarten von Granatäpfeln mit edlen Früchten, Zyperblumen mit Narden, Narde und Safran, Kalmus und Zimt, mit allerlei Bäumen des Weihrauchs, Myrrhen und Aloe mit allen besten Würzen. Ein Gartenbrunnen bist du, ein Born lebendiger Wasser, die vom Libanon fließen.«

PORTRÄT

Jean-Frédéric und Christina Waldmeyer

Safranproduzenten, Franken

»Für die einen oder anderen waren wir Spinner«

Als Ausnahmezustand bezeichnet Jean-Frédéric Waldmeyer die Safranernte. Als Ausnahmezustand in jeder Beziehung. Damit meint der gebürtige Franzose nicht nur die intensive Arbeitsbelastung. Während der Hochblüte dauern die Tage nicht selten von der Morgendämmerung bis spät in die Nacht. Er spricht damit auch den emotionalen Teil an. »Das lila Blütenmeer zu sehen, ist einfach unglaublich schön. Es ist nicht in Worte zu fassen.« Dabei baut sich der Spannungsbogen langsam auf. Im August sprießen in der Erde die ersten Triebe. Im September zeigt sich das erste Gras. »Eigentlich ist es eine ganz besondere Mischung von Emotionen, die auf einmal hochkommen. Wir sind jedes Mal aufgeregt und beobachten, wie schnell die Gräser wachsen, wann die erste Blüte sich zeigt, und die zweite, oder sind es gleich mehrere? Diese Zeit ist Spannung pur.«

Der Weg zum Safranbauer und zur Safranbäuerin verlief für Jean-Frédéric und Christina Waldmeyer nicht geradlinig. Bis vor wenigen Jahren wohnten sie noch im Elsass, wo Jean-Frédéric aufgewachsen ist. Als Christina vor wenigen Jahren den kleinen Bauernhof ihrer Großeltern erbte, kam die Idee auf, nach Franken zu ziehen. »Es war schon immer unser Bedürfnis, etwas mit den eigenen Händen zu produzieren«, sagt Jean-Frédéric, der als Kind eigentlich Landwirt werden wollte. Zuerst überlegten sich die beiden, Beerenwein zu produzieren oder Heilkräuter anzubauen. Dann war die Zucht von Angoraziegen ein Thema. Nach intensiven Recherchen und reiflichen Überlegungen landeten sie dann beim Safran. Der Grund war ein einfacher: Auf dem Hof in Unterdallersbach bei Feuchtwangen wären größere Investitionen nötig

gewesen. Beim Anbau von Safran braucht es aber weder eine große Anbaufläche noch viele Maschinen. »Uns reichte der alte Ackerschlepper meines Vaters. Und die viele Handarbeit sehen wir als positive Herausforderung«, erzählt Christina.

Praktikum im Elsass

Doch ganz so schnell verlief der Einstieg nicht. »Ich bin vom Typ her kein Abenteurer«, sagt der gebürtige Elsässer mit seinem leichten französischen Akzent. »Alles musste gut überlegt und geplant sein.« So informierten sie sich, wer bereits erfolgreich Safran anbaute, und kamen auf Hervé Barbisan im elsässischen Guémar, einen der größten Safranproduzenten Frankreichs. Als nächsten Schritt klopften sie bei ihm an mit der Bitte, ein Praktikum machen zu dürfen. Die Antwort war positiv. »Es war eine spannende Zeit. Wir haben vor allem gelernt, neugierig zu bleiben und uns mit den Safranknollen zu identifizieren. Der Anbau von *Crocus sativus* ist voller Überraschungen. Diese muss man ergründen. Oft hängen sie mit den meteorologischen Bedingungen zusammen.« Zurück in Franken, folgte viel Lektüre über den Anbau von *Crocus sativus*, um das praktisch erlangte Wissen durch die Theorie zu ergänzen. Dann schritten sie zur Umsetzung und legten im eigenen Garten ihr erstes Versuchsbeet an. Aus 200 Knollen ernteten sie 252 Blüten, also gut ein Gramm Safran. Was auf den ersten Blick wenig erscheint, überzeugte die beiden. »Hochgerechnet auf einen Viertel Hektar Land, kam ich zum Schluss, dass die Idee weiterzuverfolgen ist«, sagt Jean-Frédéric.

Kaum Fehler gemacht

Von der Idee bis zur Umsetzung vergingen insgesamt vier Jahre. 2012 war es dann so weit. Jean-Frédéric und Christina setzten nicht weniger als 50 000 Knollen auf dem eigenen Hof im fränkischen Unterdallersbach. Die Setzlinge bekamen sie über den Kontakt ihres Elsässer Lehrbetriebes aus Holland. »Rückblickend kam unser Projekt durch eine gute Kombination von Naivität und Optimismus zustande. In unserem Umfeld hat uns der eine oder andere bestimmt als Spinner angeschaut. Aber das war uns gleichgültig.« Immerhin hatte die lange Vorbereitungszeit auch Vorteile: Die Waldmeyers machten beim Safrananbau kaum Fehler. 30 000 Blüten ernteten sie in den ersten beiden Jahren. Das war zwar unter ihren Erwartungen, doch dafür wurden sie in den Folgejahren mit jeweils 100 000 Blüten entschädigt. 2019 setzten sie nochmals 10 000 Knollen auf einer zusätzlichen Fläche von 1000 Quadratmetern. Doch vom Safran alleine können sie nicht leben. Jean-Frédéric arbeitet hauptberuflich im Innendienst einer papierverarbeitenden Firma, während Christina sich um die vier Kinder kümmert. Der Nebenerwerb ist für sie aber sehr willkommen. »Wir haben viele Jahre in den Anbau von Safran investiert. Nun profitieren wir allmählich von unseren Investitionen«, sagt Christina.

Über 20 000 Blüten pro Tag

Wichtigste Voraussetzung bei der Ernte ist das passende Wetter mit milden Nächten und warmen Tagen. Während der kurzen Hochblüte gleicht der kleine Gutshof in Unterdallersbach einem Bienennest. »Un, deux, trois«, zählt Jean-Frédéric beim Kappen der kleinen, noch geschlossenen lilafarbenen Blüten frühmorgens auf dem Feld. Sorgfältig legt er sie in einen großen Weidenkorb. Vorsicht ist geboten. Die roten Stempelfäden, die sich mitten im Safrankrokus befinden, dürfen nicht beschädigt werden. Gleichzeitig sollte bei diesem Prozedere, bei dem in gebückter Haltung Reihe für Reihe abgeschritten wird, keine Blüte zertreten werden. Eine nicht einfache Aufgabe. Ab und zu hält Jean-Frédéric sich eine Blüte an die Nase und riecht daran. »Der Duft erinnert mich an Pfingstrosen, jetzt, da der Safran noch frisch ist und sein typisches Aroma noch nicht entfaltet hat.«

Der Rekord liegt bei 20 000 Blüten pro Tag. Um diese zu ernten, sind die Waldmeyers auf Hilfe angewiesen. Neben den Kindern bekommen sie Unterstützung von Jean-Frédérics Eltern und seiner Schwester. Während der Blütezeit reisen diese extra für ein paar Tage aus dem Elsass an. Weiter helfen Freunde mit. »Wir hatten schon sieben Personen frühmorgens beim Einsammeln der Blüten auf dem Feld und tagsüber zehn am Tisch beim Herauslösen der Narben«, erzählt Christina. Sie ist für den reibungslosen Ablauf beim Zupfen verantwortlich. So nennt man die Tätigkeit, wenn die drei roten Narben vom Griffel, also dem orangen, gelben und weißen Teil, gekappt werden.

Probleme hatten die Waldmeyers bisher nur mit Wühlmäusen. Immer wieder nisten sich welche unter der Erde ein und knabbern an den großen Safranknollen. Falls sich die Nager unkontrolliert vermehren, wäre das für die Safranfelder fatal. Jean-Frédéric weiß aber Abhilfe. Er flutet mehrmals im Jahr die Gänge der Mäuse mit mehreren Tausend Liter Wasser. Das hilft. Gift käme für ihn nie infrage. »Wir produzieren naturnah, ohne Chemie«, betont er.

Mit Safran in der Küche experimentieren

Die roten Narben trocknen die Waldmeyers auf selbst gezimmerten, mit Holz umrandeten Gittern, die sie in einem Raum des Gutshofes übereinanderstapeln. So bekommt der Safran genügend Luft. Das Wort Luft ist Jean-Frédéric und Christina wichtig. Ihre Philosophie ist es, das kostbare Gewürz ohne Zufuhr von Wärme zu trocknen. Jeder Produzent geht bei diesem Prozess anders vor. »Wir haben uns für die schonendste Art des Trocknungsprozesses entschieden und sind überzeugt, dass dadurch der Eigengeschmack des Safrans am besten zum Tragen kommt«, so Christina.

Nach etwa zwei Tagen hat das rote Gold 80 Prozent des Gewichts verloren und ist prinzipiell für das Verpacken bereit. Trotzdem wird es noch einige Wochen gelagert. Dann entfaltet sich langsam das intensive Aroma. »Wenn ich eine Dose mit frisch getrockneten Narben öffne, erinnert mich der Duft an Karamell.« Der charakteristische Geruch kommt dann erst mit der Zeit. Diesen beschreibt der gebürtige Elsässer mit »kräftig und mit erdigen Noten von Lakritze«. Nach zwölf bis achtzehn Monaten erreicht das Aroma seinen Höhepunkt. Viele kochen erst dann damit. Jean-Frédéric liebt aber ebenso den jungen Safran. »Ich selber liebe die milden Noten, die sich am Anfang bilden, genauso. Man muss nur das passende Rezept dazu auswählen«, sagt er. Und er muss es wissen. Zu Hause steht meistens er mit viel Leidenschaft in der Küche. »Safran aromatisiert viele Gerichte auf eine ganz spezielle Weise. Ich liebe ihn in traditionellen Speisen wie einer Bouillabaisse, experimentiere mit ihm aber auch sehr gerne. So passt er aus meiner Sicht auch ausgezeichnet zu einer Bayrischen Creme.«

Jean-Frédéric und Christina Waldmeyer verkaufen ihr rotes Gold in kleinen Gläschen von 0,5 und 1,0 Gramm unter der Bezeichnung »Deutscher Safran«. An dieser Stelle des Produktionsprozesses mussten die beiden am meisten Lehrgeld bezahlen. »Wer Safran anbauen will, hat eine gewisse Pionierarbeit zu leisten. Zwar konnten wir vieles aus Lehrbüchern und dem Praktikum schnell erlernen. Die Vermarktung erwies sich aber als unsere größte Schwäche«, betonen beide. Und Christina Waldmeyer ergänzt: »Vor allem mussten wir lernen, selbstbewusster aufzutreten.«

Safranlinguini und Safranbaiser

Neben der Top-Gastronomie ist ihr typischer Kunde der begeisterte Hobbykoch, der regional einkauft, eine hohe Qualität schätzt und die gesamte Wertschöpfungskette kennen will. Dafür ist er bereit, einen höheren Betrag zu bezahlen. Deshalb suchen die Waldmeyers den direkten Kundenkontakt und sind bei Garten-, Genießer- und Feinschmeckermessen anwesend. Seit einiger Zeit mit Produkterweiterungen. So bieten sie unter anderem auch Safranlinguini, Safranlikör, Safranbaiser und Marmelade mit Safran an. Etwa sechs bis zehn solcher Messen besuchen sie pro Jahr. Und Mal für Mal merken sie, dass ihr Safran bei den Leuten besser ankommt. »Kürzlich besuchte uns eine Frau am Stand. Seit drei Jahren habe sie uns nun beobachtet. Und da wir immer noch da seien, müsse es sich bei unseren Produkten doch um etwas Seriöses handeln, meinte sie und kaufte erstmals bei uns ein«, erzählt Christina Waldmeyer mit einem Schmunzeln.

11.

Anbau aktuell

Safranhochburg Iran

Safran wächst fast überall. Trotzdem dominiert ein Land die weltweite Produktion: In neun von zehn Fällen stammt das kostbare Gewürz aus dem Iran. Jenseits von dieser Masse versuchen seit einigen Jahren viele Produzenten, sich mit dem roten Gold eine Nische in ihren lokalen Märkten aufzubauen. Auch im deutschsprachigen Raum, mit Erfolg.

Safran wird in über fünfzig Ländern kultiviert. Doch der Iran stellt mit seiner Anbaufläche alle anderen Länder in den Schatten. In den vergangenen Jahren hat der Staat am Persischen Golf seine Weltmarktstellung gar weiter ausgebaut. 2019 betrug die Produktion beinahe 400 Tonnen, was einem Marktanteil von über 90 Prozent entspricht. Die Anbaufläche stieg gleichzeitig auf über 110 000 Hektar. Das ist eine Steigerung von 50 Prozent innerhalb weniger Jahre. Würde man die iranischen Anbauflächen aneinanderreihen, ergäbe dies im Herbst ein violettes Blütenmeer, das doppelt so groß ist wie der Bodensee. In Blüten umgerechnet sind das rund 80 Milliarden, aus denen von Hand 240 Milliarden rote Narben gepflückt werden müssen. Iran setzt mit Safran pro Jahr 400 bis 600 Millionen Dollar um. Internationale Studien gehen davon aus, dass die Nachfrage nach dem roten Gold bis ins Jahr 2025 um über 25 Prozent zunehmen wird.

Es gibt mehrere Gründe, weshalb der Safrananbau in Iran so stark steigt. Einerseits sind die Handelsmöglichkeiten durch das Wirtschaftsembargo gegen den Iran stark eingeschränkt, günstige Arbeitskräfte sind in großer Zahl verfügbar, und Safran wirft einen verhältnismäßig hohen Ertrag ab. So verdient eine effiziente Pflückerin pro Tag bis zu fünf Euro, was für iranische Verhältnisse ein hoher Tageslohn ist. Andererseits leidet die Region immer mehr unter der Wasserknappheit. Safran benötigt im Vergleich zu anderen landwirtschaftlichen Produkten, wie etwa Getreide, eher wenig Wasser. Deshalb steigen viele Landwirte vom Getreideanbau auf die Safranproduktion um.

70 Prozent des weltweit produzierten Safrans stammen aus einer Provinz

Das Hauptanbaugebiet befindet sich heute in den drei nordöstlichen Provinzen Nord- und Süd-Chorasan sowie Razavi-Chorasan, die bis ins Jahr 2004 eine einzige Provinz bildeten. Am meisten Safran produziert die Provinz Razavi-Chorasan. Sie liegt an der Grenze zu Afghanistan und Turkmenistan. Die Bedingungen gleichen einer Halbwüste mit relativ trockenem Kontinentalklima und hohen Temperaturschwankungen zwischen Tag und Nacht sowie Sommer und Winter. Während im Sommer die Temperatur auf bis zu 40 Grad steigt, erreicht sie im Winter oft minus 10 Grad. Die Hauptstadt Maschad liegt auf rund 1000 Meter Höhe. Dreh- und Angelpunkt der Safranproduktion sind die beiden Städte Torbat-e Heidarije auf 1350 Meter über Meer und Kāschmar auf 1063 Meter über Meer. Die durchschnittliche Niederschlagsmenge beträgt pro Jahr lediglich 210 Millimeter.

Die Provinz Razavi-Chorasan, in der das rote Gold seit über siebenhundert Jahren intensiv kultiviert wird, produziert jährlich rund 290 Tonnen oder fast 70 Prozent des weltweit geernteten Safrans. Erst in den letzten Jahren entstanden auch in anderen iranischen Provinzen große Felder. Süd-Chorasan erntet inzwischen rund 70 Tonnen. Die vier Provinzen Nord-Chorasan, Isfahan, Yazd und Kerman produzieren rund 30 Tonnen. Die restlichen Anbauflächen verteilen sich auf zum Teil Tausende Kleinstparzellen, die sich in anderen Provinzen befinden. Sie steuern einen Ertrag von etwa zehn Tonnen zur Jahresproduktion bei.

Um in Zukunft die jährliche Produktion von 400 auf 500 Tonnen zu steigern, unternimmt der iranische Staat große Anstrengungen. Kein anderes Land forscht derzeit so intensiv über Safran. Jährlich werden mehrere wissenschaftliche Studien publiziert. Aus- und Weiterbildungen sowie die Einführung von Acker- und Setzmaschinen trugen in den letzten Jahren stark zur Produktivitätssteigerung bei. Gleichzeitig will der Staat vermehrt das Bewusstsein bei den Produzenten und Händlern fördern, nur noch qualitativ hochwertigen Safran zu verkaufen. Dieser soll viel häufiger als »Product of Iran« auf den internationalen Markt gelangen, denn nach wie vor wird der iranische Safran zum größten Teil in andere Länder exportiert, dort umgepackt und unter dem Label des Importlandes verkauft. Der größte Teil der Wertschöpfung geht dadurch für den Iran verloren.

Immer mehr Safran stammt aus Afghanistan

Afghanistan ist in den vergangenen Jahren zu einem bedeutenden Safranproduzenten aufgestiegen. Die Hauptanbaufläche liegt in der Provinz Herat. Diese grenzt im Westen an die beiden iranischen Provinzen Razavi- und Süd-Chorasan. Kulturhistorisch waren die drei Provinzen immer eng miteinander verflochten. Im 19. Jahrhundert wurde Herat dann im Verlaufe der britisch-russischen Rivalität der britischen Interessenssphäre und somit Afghanistan zugesprochen. Was die Topografie und das Klima betrifft, weist die Provinz ähnliche Bedingungen wie Razavi-Chorasan auf. Für den Safrananbau ist das eine optimale Ausgangslage. Doch aufgrund jahrzehntelanger kriegerischer Auseinandersetzungen herrschten in der Provinz Herat von 1978 bis 2005 nie stabile Verhältnisse. In dieser Zeit flüchteten viele Einwohner in den benachbarten Iran und arbeiteten dort als Erntehelfer auf den Safranfeldern. Seit fünfzehn Jahren hat sich die politische Situation im grenznahen Afghanistan etwas beruhigt. Viele Flüchtlinge kehrten in ihre Heimat zurück und brachten das Know-how über den Safrananbau sowie Pflanzknollen mit. Schnell erkannten die Bauern, dass mit Safran ähnlich hohe Erträge wie mit dem Anbau von Schlafmohn zu erzielen sind. Seit einigen Jahren unterstützen zudem der afghanische Staat sowie private, nicht regierungsnahe Organisationen diejenigen Landwirte, die Safran statt Schlafmohn anpflanzen. Mit Erfolg. Auf einer Landfläche von 5000 Hektar ernteten die afghanischen Produzenten im Jahr 2017 bereits zehn Tonnen Safran. 2019 waren es schon 20 Tonnen. Damit ist Afghanistan zum zweitgrößten Safranproduzenten der Welt aufgestiegen. Die größten Anbauflächen befinden sich um die Stadt Herat und im Distrikt Ghorian, der direkt an den Iran grenzt.

Kaschmir verliert an Bedeutung

Neben dem Iran galt lange Zeit der indische Teil des Kaschmirtals auf rund 1600 Meter Höhe um die Stadt Pampore als wichtigstes Anbaugebiet für Safran. Das hat sich in den vergangenen 25 Jahren massiv verändert. Seit 1997 gingen sowohl die Anbaufläche wie auch der Ertrag jährlich zurück. 1997 produzierte Kaschmir noch rund 16 Tonnen Safran auf einer Fläche von 5700 Hektar. Bis zum Jahr 2001 sank die Produktion auf lediglich 300 Kilogramm. Dafür gibt es eine Vielzahl von Gründen. Hauptverantwortlich sind die vielen legalen und illegalen Importe von günstigem Safran aus dem Iran. Sie setzten die lokalen Bauern massiv unter Druck und führten dazu, dass viele den Anbau aufgaben. Gleichzeitig vernichtete Pilzbefall viele Safranknollen im Kaschmirtal. Seit gut zehn Jahren unternimmt die indische Regierung große Anstrengungen, die Safrankultivierung im heutigen Unionsterritorium Jammu und Kaschmir zu fördern. Durch Aus- und Weiterbildungen der Landwirte konnten in den vergangenen Jahren die Anbaufläche vergrößert und die Produktivität erhöht werden. Zudem sind Wissenschaftler der Universitäten von Bremen und Jammu eine länderübergreifende Kooperation eingegangen, um den Pilzbefall auf den Feldern zu bekämpfen. Inzwischen produziert Kaschmir wieder rund zehn Tonnen Safran auf einer Anbaufläche von knapp 4000 Hektar. Angestrebt werden aber weit höhere Erträge. Mit intensiven Marketinganstrengungen versucht das Unionsterritorium Jammu und Kaschmir, den »Crocus sativus Kashmirianus« international zum Label zu machen. Dadurch sollen höhere Preise erzielt und der Anbau von Safran für die Bauern rentabler werden.

Von Russland bis China

Größere Anbaugebiete finden sich in weiteren Ländern, die an den Iran angrenzen, etwa in Aserbaidschan auf der Halbinsel Abseron nahe Baku. Umfangreiche Kulturen weist auch die Türkei auf. Die bekannteste liegt bei der Stadt Safranbolu im nördlichen, zentralen Anatolien. Die Stadt trägt zwar das Wort Safran im Namen und war früher eine wichtige Handelsdrehscheibe, über die Gewürze wie Pfeffer, Safran und Zimt von der Seidenstraße nach Europa gelangten, doch hat der Name Safranbolu nichts mit Safran zu tun. Ein weiteres Anbaugebiet befindet sich in der südöstlichen Provinz Şanlıurfa.

Safran wird zudem auch in Russland und Ostasien, beispielsweise in Thailand, Malaysia, Taiwan, Japan und in China angebaut. In China befinden sich die größten Kulturen in den Provinzen Henan, Hebei, Zhejiang, Sichuan, Yunnan und im autonomen Gebiet Tibet.

Schweizer pflanzen Safran in Armenien an

»Wir wollten ein faires und nachhaltiges Projekt aufbauen«, sagt Anush Amirkhanian. Seit 2008 lebt die gebürtige Armenierin in der Schweiz und ist verheiratet mit Urs Wyss. Immer wieder reisten die beiden nach Sarigyugh, einem Dorf in der armenischen Provinz Tavush, nahe der Grenze zu Aserbaidschan und Georgien. Dort ist Anush aufgewachsen, und mit dieser Gegend ist sie nach wie vor stark verbunden. Doch jedes Mal, wenn sie aus Armenien zurück nach Luzern reiste, hatte sie ein schlechtes Gewissen. »Das Dorf ist arm. Viele Frauen sind auf sich allein gestellt. Die Männer arbeiten im weit entfernten Russland und kommen nur gelegentlich nach Hause, um die Familien mit Geld zu unterstützen«, sagt Anush. Also begann sie mit ihrem Mann sowie mit Urs Barmettler, einem gemeinsamen Freund aus der Schweiz, ein Projekt zu initiieren. Zuerst kauften sie in Sarigyugh einen Landwirtschaftsbetrieb und bauten das Haus in ein Gasthaus um. »Armenien ist wunderschön, hat eine reiche Kultur und eine lange Geschichte«, sagt Urs Wyss. Wir sind überzeugt, dass wir langfristig Feriengäste in diese Gegend bringen können, um vor Ort eine Wertschöpfung zu generieren.«

Danach stellte sich die Frage, was auf dem Land gepflanzt werden sollte. Zuerst dachten sie an Wein, da in der Gegend bereits mehrere Weingüter existieren. Doch nach längerer Recherche kamen sie davon ab. »Wasser ist rar. Wir suchten nach einer Pflanze, die mit wenig Flüssigkeit auskommt«, erklärt Anush. Und so kamen sie auf *Crocus sativus*, der auf kargem Boden gedeiht, und beschlossen, den ersten Safran in Armenien anzubauen. »Der Iran ist nicht weit. Man kennt Safran in Sarigyugh. Meine Großmutter hat mit Safran Teppiche gefärbt. Aber damit gewürzt hat in unserem Dorf niemand. Vermutlich, weil er zu teuer ist.«

Im Sommer 2017 kauften sie die ersten Safranknollen in Hellbühl bei der Chrummbaum GmbH, einem Safranproduzenten in der Nähe von Luzern. 100 Stück an der Zahl. Diese brachten sie nach Armenien und waren einige Monate später von dem Ergebnis begeistert. Der erste »Sari-Safran«. »Sari« steht als Abkürzung für Sarigyugh. »Also beschlossen wir, hochwertigen armenischen Safran in Bioqualität für den Schweizer Markt anzubauen. Mit dem Ziel, den Helferinnen und Helfern vor Ort eine Arbeit zu geben und diese fair zu bezahlen«, sagt Anush Amirkhanian. Im Sommer 2014 kauften sie in

Holland 50 000 Knollen und begannen, sie in Armenien zu setzen. Doch so einfach war das Unterfangen nicht. »Der Boden war wie Beton«, betont Urs Wyss. »Wir hatten keine Chance, ihn mit unserem Einachser zu pflügen.« Als Folge mussten sie die ganze Saat mit dem Pickel setzen. Also pure Handarbeit. Mitten in der Augusthitze. Die erste Ernte war spärlich. Gerade mal 60 Gramm Safran blieben von den Narben der 12 000 Blüten übrig, die vor Ort schonend an der Luft getrocknet wurden. Doch in den kommenden Jahren folgte der verdiente Lohn. 2018 betrug die Ernte 650 Gramm, im Jahr 2019 schon 1,2 Kilogramm. Da der »Sari-Safran« vorwiegend in der Schweiz verkauft wird, war für die Produzenten von Anfang an klar, dass nur die beste Qualität infrage kommt. Also nur die roten Narben, ohne den kleinsten Gelbanteil. »Inzwischen haben wir uns einen Markt aufgebaut«, sagt Anush. »Regelmäßig kommen neue Kunden hinzu. Und wer will, darf sich auf unserem Betrieb mit Gästehaus in Sarigyugh die Felder vor Ort anschauen.«

Damit haben Anush Amirkhanian, Urs Wyss und Urs Barmettler ihr erstes Ziel erreicht. Denn mit dem Anbau von Safran erhalten während der Ernte in Sarigyugh etwa dreizehn Frauen eine faire Entlohnung. Die gebürtige Armenierin Anush blickt noch weiter. »Schön wäre es, wenn ein paar einheimische Frauen meinem Beispiel folgten und selber Safran kultivieren und vermarkten würden. Dann hätten wir mit unserem Projekt den Grundstein für armenischen Safran gelegt.«

Schweizer Safranproduzentin in Marokko

In Marokko bauen Landwirte seit mehreren Hundert Jahren Safran an. Die größten Kulturen befinden sich in der Nähe von Taliouine. Auf den Hügeln oberhalb der Kleinstadt, in einer Höhe von 1200 Metern über Meer, werden rund 90 Prozent des marokkanischen Safrans kultiviert. Um ihre Interessen besser zu vertreten, haben sich die meisten Berberfamilien zu Kooperativen zusammengeschlossen. Jährlich ernten sie etwa 3000 Kilogramm des roten Goldes. Damit ist Marokko der fünftgrößte Produzent weltweit. Jeweils im Spätherbst organisiert die Stadt Taliouine ein mehrtägiges Safranfest, das viele Touristen anzieht.

Im deutschsprachigen Raum ist der marokkanische Safran auch durch eine Schweizerin bekannt. Die Baslerin Christine Ferrari wanderte 2008 ins hochgelegene Ourika-Tal aus. Dieses liegt entlang des Atlasgebirges, dreißig Kilometer südöstlich von Marrakesch. Dort eignete sich Christine Ferrari das Fachwissen über den Safrananbau selbst an. 2012 bepflanzte sie das erste Feld. Ihre zwei Hektar große Plantage hat sie »Le Paradis du Safran« getauft. Sie empfängt regelmäßig Touristen, die Marokko bereisen. Im wunderschön angelegten Garten können sie exotische Pflanzen, Sträucher und Kräuter bestaunen oder im November die Safranernte miterleben. Der Aufbau ihres Paradieses hat sich für Christine Ferrari gelohnt. Besonders stolz ist sie, dass sie einheimischen Frauen eine feste Anstellung bieten kann. Während der Ernte erhalten weitere fünfzig Berberfrauen temporär Arbeit auf ihrem Hof.

Auf dem afrikanischen Kontinent kultivieren Landwirte auch außerhalb von Marokko Safran, so in Algerien, Tunesien und Ägypten. Der Safran aus Libyen, der in der Antike sehr beliebt war, ist heute kaum mehr von Bedeutung. In Zentralafrika entstanden vor einigen Jahren in Tansania und der Demokratischen Republik Kongo Safranplantagen in Permakultur.

Griechenland ist grösster Produzent in Europa

In Europa hat der Safrananbau die längste Tradition. In Griechenland, der Geburtsstätte des *Crocus sativus*, wird Safran in vielen Dörfern angepflanzt. Die größten Kulturen befinden sich bei der Ortschaft Krokos, etwa fünf Kilometer südlich der Stadt Kozani in der Region Westmakedonien. Safran wurde in dieser Gegend aber nicht durchgehend kultiviert. Nach langer Unterbrechung brachten Gewürzhändler im 17. Jahrhundert die kostbaren Knollen von

Österreich zurück ins Ursprungsland. Seither wird das rote Gold wieder intensiv und erfolgreich kultiviert. Derzeit produzieren über tausend Bauern in vierzig Dörfern um Kozani rund fünf Tonnen Safran. Sie haben sich in einer Genossenschaft zusammengeschlossen. Für viele von ihnen ist Safran eine wichtige Einnahmequelle. Die vierwöchige Erntezeit bringt ihnen bis zu einem Viertel des jährlichen Einkommens ein. Die Anbaufläche in Kozani beträgt 1200 Hektar. Damit ist Griechenland der viertgrößte Safranproduzent der Welt und der größte in Europa. Der Safran aus Kozani profitiert von der geschützten Herkunftsbezeichnung »Krokos Kozanis«.

Spanischer Safran aus dem Iran

Lange Zeit war Spanien der größte Safranproduzent der Welt. Das Zentrum des Anbaus befand sich in Kastilien-La Mancha. 1914 ernteten die spanischen Bauern nicht weniger als 124 Tonnen auf einer Fläche von 12 400 Hektar. Ab 1960 nahm die Produktionsmenge laufend ab. Etwa um 1970 löste der Iran Spanien als Weltmarktführer ab. 1980 betrug die Ernte in Spanien noch 28 Tonnen. Die Anbaufläche schrumpfte auf 4400 Hektar. Der Tiefpunkt folgte im Jahr 2005 mit 820 Kilogramm Safran auf 83 Hektar Land. Hauptgrund waren die stetig steigenden Lohnkosten auf der Iberischen Halbinsel. Iran produzierte im Vergleich immer günstigeren Safran und überflutete damit den internationalen Markt. Weil es zudem ein Gesetz in Spanien erlaubt, ausländischen Safran zu importieren, neu zu verpacken und als spanisches Produkt zu verkaufen, entstand ein Konkurrenzprodukt im eigenen Land. Spanische Händler begannen, große Mengen iranischen Safrans als »Producto de España« zu verkaufen, und ruinierten damit den einheimischen Markt.

Um die Jahrtausendwende begann die autonome Gemeinschaft Kastilien-La Mancha, den einheimischen Safrananbau wieder zu fördern. Dazu führte man mit dem »Azafràn de la Mancha« eine geschützte Herkunftsbezeichnung ein. Das Logo des La-Mancha-Safrans zeigt seither Don Quixote und zieht die Verbindung ins Mittelalter, als der berühmte Ritter mit Rüstung und Lanze gegen Windmühlen kämpfte. Im Gegensatz zu Don Quixotes Feldzügen war die Wiederbelebung des spanischen Safrans erfolgreich. Weit über zweihundertfünfzig Landwirte bauen inzwischen in La Mancha wieder Safran auf einer Fläche von 170 Hektar Land an. Die meisten Kulturen befinden sich in den Provinzen Albacede, Ciudad Real, Cuenca und Toledo. Der jährliche Ertrag des »Azafràn de la Mancha« beläuft sich auf rund zwei Tonnen. Zum

Abschluss der Ernte findet jeweils am letzten Wochenende im Oktober die »Fiesta de la Rosa del Azafràn« im Städtchen Consuegra statt. Dabei messen sich Kinder und Erwachsene beim Herauspflücken der Safrannarben aus den lila Blüten. Wer gewinnen will, muss schnell sein und eine qualitativ perfekte Arbeit abliefern. Der La-Mancha-Safran macht rund 90 Prozent der gesamten Safranproduktion in Spanien aus.

Italien mit drei geschützten Herkunftsbezeichnungen

Auch in Italien hat der Safrananbau eine lange Tradition. Nachdem die Produktion im 17. Jahrhundert stark einbrach, wird Safran heute wieder fast überall kultiviert. Die größten Anbauflächen befinden sich auf Sardinien, in den Abruzzen und in der Toskana. Die jährliche Produktionsmenge beträgt rund 500 Kilogramm.

Auf Sardinien gab es bereits um das Jahr 600 n. Chr. Safrankulturen. Damals pflanzten Mönche beim Kloster Santa Lucia in San Gavino Monreale das rote Gold an. Die Gemeinde ist noch heute zusammen mit Turri und Villanovafranca das Zentrum der sardischen Safranproduktion. Auf rund 35 Hektar Land produzieren die Bauern jährlich über 350 Kilogramm. Seit 2009 profitiert der »Zafferano di Sardegna« von einer geschützten Herkunftsbezeichnung. Aufgrund der jahrhundertealten Anbautradition ist Safran auch Bestandteil vieler sardischer Gerichte.

In den Abruzzen wird das edle Gewürz vor allem auf der Navelli-Hochebene in der Provinz L'Aquila angebaut. Ein Mönch soll die ersten Knollen im 13. Jahrhundert auf die sogenannte Altopiano di Navelli gebracht haben. Diese vermehrten sich in den kargen und steinigen Böden gut und brachten der einheimischen Bevölkerung einen bescheidenen Wohlstand. Günstige Importe aus anderen Ländern bedeuteten vor 50 Jahren aber beinahe das Ende des Safrananbaus in den Abruzzen. In den 70er-Jahren gründete Silvio Serra die Erzeugergemeinschaft Altopiano di Navelli, die sich für eine geschützte Herkunftsbezeichnung und damit für eine Abgrenzung von der ausländischen Massenware einsetzte. Inzwischen bauen wieder rund hundert Landwirte den »Zafferano dell'Aquila« auf einer Fläche von acht Hektar an. Gemeinsam ernten sie etwa 60 Kilogramm pro Jahr.

Auf eine rund achthundertjährige Tradition kann der »Zafferano di San Gimignano« zurückblicken. Die Handelsstadt profitierte ab dem 12. Jahrhundert vor allem von ihrer strategisch guten Lage zwischen den wichtigen Städten Florenz, Siena und Pisa und erlangte großen Wohlstand. Safran wurde damals in San Gimignano aber nicht nur gehandelt, er wurde vor den Toren des Städtchens auch auf großen Flächen kultiviert und galt als qualitativ hochstehend. Im 16. Jahrhundert brach der Anbau aufgrund günstiger Importe aus Frankreich und kühleren Klimabedingungen ein. Seit ein paar Jahren pflanzen wieder einige Bauern das edle Gewürz rund um San Gimignano an. Die geschützte Herkunftsbezeichnung und die touristische Bedeutung des Städtchens begünstigen die Vermarktung. Der »Zafferano di San Gimignano« gilt als einer der teuersten in Italien und wird vor allem von Touristen gerne als Souvenir mit nach Hause genommen.

Grösster Produzent Frankreichs ist im Elsass

Der mit Abstand größte Safranproduzent Frankreichs befindet sich im Elsass. Hervé Barbisan begann 2006 in Guémar, zwischen Straßburg und Mulhouse, die ersten 5000 Knollen auf einer Fläche von 200 Quadratmetern zu setzen. Bis heute ist sein Betrieb »Le Safran du Château« stetig gewachsen. Über eine halbe Million Knollen hat er inzwischen gesetzt. Die gesamte Anbaufläche beträgt rund zwei Hektar.

Historisch galt ab dem 17. Jahrhundert der Safran du Gâtinais als einer der besten in Europa. Die riesigen Anbauflächen verschwanden jedoch Ende des 19. Jahrhunderts. Seit einigen Jahren haben Landwirte damit begonnen, die alte Anbautradition wiederzubeleben. Die Produktionsmengen sind aber noch bescheiden. Gleich mehrere größere Safranplantagen gibt es in der Provence, vor allem um den Mont Ventoux sowie im Departement Languedoc.

Nördlichste Felder liegen in Schweden

Die nördlichsten Safranfelder finden sich in Schweden auf der Insel Gotland. Der warme Nordatlantikstrom verleiht der Insel ein angenehmes Klima und sorgt dafür, dass auch Aprikosen, Feigen und Mandeln gedeihen. Seit 2009 bauen in Barlingbo Inger und Patrik von Corswant erfolgreich Safran an. Rund 20 000 Knollen haben sie gesetzt. Die Ernte schwankt je nach Witterung stark und variiert zwischen ein paar wenigen und maximal 60 Gramm. Der Safran aus Gotland wird vor allem für das regionale Gericht Saffranspannkaka verwendet, ein Safran-Milchreis-Pfannkuchen, der auf der Insel sehr beliebt ist.

Weiter südlich wurde bereits vor rund zwanzig Jahren der Safrananbau in England wiederbelebt. David Smale experimentierte um die Jahrtausendwende mit einer kleinen Anzahl Knollen auf einem Versuchsfeld. 2004 begann er nahe Saffron Walden in der Ortschaft Essex und in Devon mit dem kommerziellen Anbau des roten Goldes. Inzwischen hat er mit seiner Familie rund 150 000 Knollen gesetzt. Den Safran verkauft er unter dem Label »English Saffron« für rund 30 Pfund das Gramm. Damit knüpft David Smale erfolgreich an die alte Safrantradition in England an. Zwischen dem 14. und dem 18. Jahrhundert wurde *Crocus sativus* großflächig in diversen Ortschaften kultiviert. Das Zentrum lag im besagten Saffron Walden. In den letzten Jahren haben in England zudem mehrere kleine Produzenten mit dem Safrananbau begonnen. Zu ihnen gehören Margaret und Brian Eyers, die seit 2015 den »Cornish Saffron« in Roseland Peninsula anpflanzen.

In Belgien gibt es erst wenige Safranproduzenten. 2009 startete der »Safran de Cotchia« von Sabine und Eric Leonard in Wasseiges, Wallonien. Inzwischen haben die beiden weit über 100 000 Knollen gesetzt und sind die größten Produzenten im Land. Während der Erntezeit bieten sie auch Führungen auf den Safranfeldern an. Eine ansehnliche Größe hat inzwischen auch der »Belgische Saffraan« von Linda und Marc Leloup in Morkhoven. Sie begannen 2012 mit dem Anbau und besitzen die größte Farm in Flandern. In den belgischen Ardennen kultivieren auch Ann, Alex und Wolf de Pooter seit einigen Jahren Safran auf ihrer Farm »Blueberry me«.

Immer mehr Felder in Kanada

Etwas weniger nördlich als in Schweden wächst in Kanada der Safran. Die ersten Felder entstanden 2013. Ein Jahr später pflanzte Micheline Sylvestre in Saint-Damien bei Québec ihren ersten Safran. Ihre Kultur besteht derzeit aus rund 60 000 Knollen. Micheline Sylvestre verkauft auch Knollen an Bauern, die neu mit dem Safrananbau beginnen wollen. »Das Interesse nimmt stetig zu«, erzählt sie. »Trotz der nördlichen Lage wächst der Safrankrokus gut. Sorge bereitet uns einzig das unberechenbare Wetter im Herbst. Einige Landwirte überlegen sich deshalb, die Kulturen mit Foliengewächshäusern zu schützen.« Allein in der Provinz Québec gibt es derzeit rund fünfzehn Safranproduzenten. Tendenz steigend. Weitere Kulturen befinden sich in der benachbarten Provinz Ontario, beispielsweise in der Nähe von Napanee.

Amerika forciert den Safrananbau

In den Vereinigten Staaten von Amerika wird *Crocus sativus* seit 1730 kultiviert. Größere Felder finden sich beispielsweise in den Bundesstaaten Vermont und Kalifornien. Im Jahr 2017 pflanzten Melinda und Simon Price auf ihrer Farm in Kelseyville, in der Nähe des kalifornischen Clear Lake, 250 000 Knollen – die größte Safrankultur der USA. Kleinere Kulturen gibt es in diversen Bundesstaaten, so auch in Pennsylvania, wo vor knapp dreihundert Jahren die ersten Knollen gesetzt worden sind. Viele Amische pflanzen seit dieser Zeit das rote Gold an, vor allem in Lancaster County. Statistische Angaben darüber gibt es aber wenige. Seit 2016 unternimmt das »Center for Saffron Research and Development« der Universität Vermont große Anstrengungen, den amerikanischen Bauern die Safranproduktion näherzubringen. Die Forschungseinrichtung geht davon aus, dass einheimische Farmer mit *Crocus sativus* höhere Erträge als beispielsweise mit Tomaten oder Wintergemüse erzielen können. Inzwischen ließen sich mehrere Hundert Landwirte aus ganz Nordamerika bei der Forschungsabteilung für den Safrananbau weiterbilden. Viele begannen mit Testfeldern oder kleineren Kulturen. Derzeit schätzt die Universität in Vermont die Anzahl der Produzenten in Nordamerika auf etwa tausendfünfhundert, mit einer stark steigenden Tendenz. Einige von ihnen planen den Anbau von großen Produktionsanlagen mit über 100 000 Knollen. Bei einem jährlichen Import von rund 46 Tonnen Safran macht die eigene produzierte Menge aber noch immer nur einen kleinen Anteil aus. Die USA könnten jedoch bereits in wenigen Jahren zu einem wichtigen Anbauland für Safran werden.

Auch in den südlich an die USA angrenzenden Staaten wird Safran kultiviert, etwa in Mexiko, Chile und Argentinien.

Tas-Saff war der Safranpionier in Tasmanien

In Australien und Ozeanien gibt es mehrere größere Safranplantagen. Pioniere sind Terry und Nicky Noonan. Sie gründeten 1990 die Firma Tas-Saff und begannen mit der Kultivierung von *Crocus sativus* beim Huon River in Glaziers Bay, Tasmanien. Beide gingen daraufhin mit bis zu 50 Safranproduzenten aus Tasmanien, Neuseeland und dem Südosten von Australien eine Kooperation ein. Ihr Ziel war es, den Safran gemeinsam zu vermarkten, unter anderem über Supermärkte. Im Jahr 2017 wurde die Zusammenarbeit beendet. Viele Produzenten begannen daraufhin, ihren Safran direkt zu vermarkten, und erzielten in der Folge sogar höhere Preise. Positives Beispiel dafür ist die Firma Argyle Australian Saffron von Angela und Brendon Argyle. Sie verkauft ein Gramm für 60 australische Dollar. Derzeit gibt es rund achtzig Safranproduzenten in Australien und Ozeanien. Die meisten befinden sich im Südosten von Australien in den Provinzen New South Wales und Victoria, in Tasmanien und in Neuseeland. Gemeinsam ernten sie jährlich rund zehn Kilogramm des roten Goldes.

Österreicherin produziert Safran in Australien

Seit 2013 produziert Christine Rawson-Harris Safran in Australien. Die gebürtige Salzburgerin war fünfzehn Jahre zuvor nach »Down Under« ausgewandert. Auf einem gepachteten Feld in Trentham erfüllte sie sich ihren lang gehegten Wunsch, selber Safran anzubauen. Im ersten Jahr setzte sie 5000 Knollen und erntete insgesamt 16 Gramm. Ein Jahr später waren es bereits 60 Gramm. Die Setzlinge und Tipps für den Anbau erhielt sie von Tas-Saff, dem großen Produzenten und Händler in Tasmanien. Inzwischen hat sie die Anbaufläche stark vergrößert. Der rote, sandige Boden in Kombination mit heißen Sommern und schneereichen Wintern ist optimal für den Anbau. Die Ernte beträgt derzeit rund 250 Gramm. Christine Rawson-Harris verkauft ihren Safran in kleinen Läden, auf Märkten und an Gourmetrestaurants.

Safrananbau in der Schweiz

Safran wird in der Schweiz seit dem 14. Jahrhundert kultiviert. Bis vor fünfzehn Jahren war Mund das alleinige Zentrum des Anbaus. In den letzten Jahren sind viele Produzenten dazugekommen.

Die Schweiz ist das einzige deutschsprachige Land, in dem seit dem Mittelalter durchgehend Safran angebaut worden ist. Im 14. Jahrhundert gelangten Safranknollen durch Händler oder Söldner ins Wallis und wurden unter anderem auf den Äckern im Dorf Mund angepflanzt. Doch Mund war lange Zeit nicht der einzige Ort in der Schweiz, in dem das rote Gold kultiviert wurde. Was das kleine Walliser Dorf aber einzigartig macht: In allen anderen Gegenden ging die Safrankultivierung mit der kleinen Eiszeit ab dem 15. Jahrhundert stark zurück und verschwand dann vollständig. In Mund sind die Kulturen aber bis heute durchgehend erhalten geblieben. Das hat unter anderem mit den günstigen klimatischen Bedingungen des Kantons Wallis zu tun. Dank des südlichen Einflusses gedieh der Safrankrokus selbst in dem ab dem 15. Jahrhundert kühleren Klima.

Mund mit rund 550 Einwohnern ist ein Ortsteil der Gemeinde Naters und liegt knapp 1200 Meter über Meer an der rechten, sonnigen Flanke des Rhônetals. Obwohl der Safrananbau in dem Walliser Dorf eine jahrhundertelange Tradition hat, werden die Kulturen im Gemeindearchiv erst im Jahr 1870 erwähnt. Vor vierzig Jahren ging eine große Anzahl der Felder ein. Aus wirtschaftlichen Gründen mussten viele Bauern das Dorf verlassen, um auswärts zu arbeiten. Gleichzeitig brachten die Safrankulturen immer weniger Geld ein, und der Bau der Erschließungsstraße vernichtete in den 1970er-Jahren einen großen Teil der Anbauflächen. 1976 schrieb der Briger Pfarrer Walter Stupf in der Regionalzeitung *Walliser Bote*, dass die meisten Safranäcker verwuchert seien. »Die Vorfahren drehen sich im Grabe um, wenn der Safran, ihre einmalige Kostbarkeit, aussterben muss.« 1979 betrug die Anbaufläche noch 500 Quadratmeter. Aufgrund eines Appells von Dr. Erwin Jossen im *Walliser Bote* bildete sich am 5. Januar 1979 das Initiativkomitee »Pro Safran«. Es appellierte an die Besitzer der Safranfelder, diese wieder zu bewirtschaften. Am 4. Mai 1979 fand die Gründungsversammlung der Safranzunft statt. Sechsundvierzig Männer und zwei Frauen schrieben sich in die Gründungsurkunde ein und verpflichteten sich zur »Erhaltung des Safrans in Mund und zur Pflege der Kameradschaft und der Geselligkeit.«

Seit der Gründung der Zunft hat sich die Anbaufläche in Mund vervielfacht. Heute sind es rund 18 000 Quadratmeter, die auf 90 Parzellen und 119 Produzenten verteilt sind. Jährlich erwirtschaften diese einen Ertrag von ein bis vier Kilogramm Safran. Wie in den alten Zeiten gehört das Gebiet Kummegga unterhalb des Dorfes zum bevorzugten Anbaugebiet. Safran wird aber auch auf vielen Äckern links und rechts entlang der Straße kultiviert, die zum Weiler Wartfluh führt. Was in Mund besonders ist: Auf manchen Feldern pflanzen die Bauern wie früher keine Monokultur an. Im September säen sie auf den Äckern Roggen. Dieser wird im Sommer des folgenden Jahres geerntet. Dadurch erhalten die Bauern zwei Ernten, und die beiden Bepflanzungen profitieren vom gegenseitigen Nährstoffaustausch. Vielleicht ist dies der Grund, weshalb die Munder ihre Safranknollen zum Teil jahrzehntelang im Boden lassen können.

Die Safranzunft fördert aber nicht nur den Anbau des Safrankrokus, sie prüft auch die Ernte der vielen Safranpflanzer. Nur wer bei der Bewertung mindestens zwölf von 16 Punkten erreicht, darf das kostbare Gewürz mit der geschützten Herkunftsbezeichnung »Munder Safran AOP« verkaufen. Das kleine Walliser Bergdorf vermarktet die jahrhundertelange Safrantradition auch touristisch. So gibt es ein Safranmuseum, einen Safranlehrpfad und das »Restaurant Safran«, das unter anderem den Munder Safranrisotto zubereitet.

Zwei Frauen als Pioniere

Die erste Schweizer Safranpionierin außerhalb von Mund war die gebürtige Zugerin Verena Sottas Rogenmoser. Nach einem Besuch im Walliser Dorf pflanzte sie um die Jahrtausendwende im Kanton Freiburg Safran an. Die Anbaufläche war klein, doch die Aktion führte dazu, dass Verena Sottas Rogenmoser den Innovationspreis im Kanton Freiburg gewann. Im Jahr 2006 begann Silvia Bossard im Kanton Aargau mit dem Anbau von Safran. Sie startete mit 450 Knollen auf vier Testfeldern. Ein Jahr später pflanzte sie auf einem Feld ihres Vaters im aargauischen Hendschiken 15 000 Knollen. Nicht alles lief nach Wunsch, doch Silvia Bossard blieb hartnäckig und lernte schnell dazu. 2013 begann sie im großen Stil Safran zu kultivieren. Sie pflanzte in Aristau auf einer Fläche von 6000 Quadratmetern mit der Unterstützung einer Setzmaschine 300 000 Knollen. Mit ihrer Firma tagora und dem »Aargauer Safran« ist Silvia Bossard inzwischen die größte Produzentin der Schweiz. Neben den roten Narben verkauft sie, wie übrigens viele andere Produzenten auch, noch weitere Safranprodukte. Zudem hat sie eine Naturkosmetiklinie mit Safranblüten lanciert. Zusammen mit der Fachhochschule Nordwestschweiz startete sie vor mehreren Jahren ein Forschungsprojekt, das die Inhaltsstoffe der gesamten Pflanze zum Gegenstand hat. Die Ergebnisse sollen in weitere Produkte einfließen.

30 Produzenten im Kanton Graubünden

Nach Silvia Bossard haben in der Schweiz viele mit dem Anbau von Safran begonnen. Derzeit sind es rund 60 Produzenten, die jeweils 100 bis wenige Tausend Quadratmeter Land bewirtschaften. Die mit Safran bebaute Fläche in der Schweiz beträgt etwa drei Hektar. Daraus resultiert ein jährlicher Ertrag von acht bis zehn Kilogramm Safran. Unterstützt werden die Schweizer Produzenten von Agroscope, dem Kompetenzzentrum des Bundes für landwirtschaftliche Forschung.

Ein Großteil der Safranproduzenten stammt aus dem Kanton Graubünden. Zu den Pionieren zählen Beat Ruffner aus Maienfeld (siehe Seite 29) mit der Firma ET AL und Othmar Caviezel aus Tomils. Inzwischen sind weitere mittelgroße Produzenten dazugekommen wie Claudia und Peider Michael-Hodel in Donat, Annelise Joos-Frei in Arezen, Sandra und Urs Durrer in der Surselva oder Jürg Adank in Fläsch, der mit Beat Ruffner eine Betriebsgemeinschaft eingegangen ist. Seit einigen Jahren haben sich rund 30 Safranproduzenten und Safraninteressierte zu einer »IG Safran« zusammengeschlossen. Damit stärken sie den Wissenstransfer rund um das kostbare Gewürz und koordinieren den Einkauf der Safranknollen. Initiiert wurde das Projekt von Beat Ruffner, dem Bünder Naturpark Beverin und der Zürcher Hochschule für Angewandte Wissenschaften (ZHAW) in Wädenswil.

Eine weitere Interessengemeinschaft zur Förderung des Saffrananbaus ist »Les Mordus du Crocus sativus«. Diese wurde von Catherine Schnydrig ins Leben gerufen. Ihr gehören rund fünfzehn Produzenten an, die im Kanton Wallis den Informationsaustausch rund um den Safrankrokus pflegen. Sie pflanzen außerhalb des traditionellen Anbaugebiets von Mund Safran an. Weitere Kulturen befinden sich in fast allen Kantonen, so in Genf, Neuenburg, Bern, Thurgau und Jura. Im Kanton Zürich bauen Doris und Koni Wirth seit 2013 in Oberstammheim ihren »Seehalde«-Safran an. Auch in der Innerschweiz gibt es Safranfelder, so ein großes in Hellbühl bei der Familie Lang, eines in Obwalden und eines in Schübelbach im Kanton Schwyz, das Roland Schalch und Sonja Hüppi bewirtschaften. In der Sonnenstube der Schweiz, dem Kanton Tessin, befindet sich ein Feld in der Gemeinde Loverciano.

Safrananbau in Österreich

Österreich war bis ins 19. Jahrhundert eines der bedeutendsten Safrananbaugebiete Europas. Der *Crocus austriacus* hatte einen sehr guten Ruf und wurde in großer Menge exportiert. Heute gibt es in Österreich etwa ein Dutzend Safranproduzenten.

Verglichen mit der Schweiz ist die Anzahl der Safranproduzenten in Österreich kleiner. Dafür ist die angebaute Fläche pro Betrieb wesentlich größer. Insgesamt kultivieren die Österreicher Safran auf drei bis vier Hektar Land. Die jährliche Ernte beträgt rund fünf Kilogramm. Pionier war Hannes Pinterits, der im Jahr 2005 mit zwei Landwirten die Arbeitsgemeinschaft »Pannonischer Safran« gründete, mit dem Ziel, den Safrananbau wiederaufleben zu lassen. Ein Jahr später entstand ein Pilotprojekt im burgenländischen Weinbaugebiet westlich des Neusiedlersees. Das Projekt war erfolgreich, und Pinterits expandierte in den folgenden Jahren. Bis heute ist der ehemalige Journalist einer der größten und erfahrensten Safranproduzenten im deutschsprachigen Raum (siehe Seite 67).

Im Jahr 2007 legte Bernhard Kaar in Dürnstein in der Wachau die erste Safrankultur an. Zwei Jahre später gab er seine Stelle beim Landwirtschaftsministerium auf und konzentriert sich seither zu hundert Prozent auf den Anbau von Safran. Kaar ist der Bezug auf die langjährige Tradition, den der Safran in der Wachau hat, sehr wichtig. So zog er nach Krems, der Stadt, die früher als Umschlagplatz für *Crocus austriacus* galt. Seine Safranfelder liegen zwischen Dürnstein und Spitz, zum Teil auf ehemaligen Weinterrassen. Auf einer Gesamtfläche von 4,4 Hektar pflanzte Bernhard Karr inzwischen über 250 000 Knollen. In seiner Wachauer Safranmanufaktur in Dürnstein verkauft er das rote Gold. Dort führt er auch Seminare durch. Ein Safran-Café sowie ein Safran-Schaugarten mit Panoramablick auf Dürnstein runden das Angebot ab. Als Besonderheit kappt der Betrieb die Narben einzeln auf dem Feld aus den Blüten. Üblicherweise werden die Blüten als Ganzes geerntet, um die roten Narben anschließend an einem Tisch herauszuholen. Karr geht davon aus, dass die Pflanzen durch seine Methode der Ernte widerstandsfähiger werden. Der Aufwand für die Ernte steigt damit natürlich um ein Vielfaches.

Innovationspreis in der Steiermark

Einige Jahre nachdem die beiden Safranpioniere Hannes Pinterits und Bernhard Kaar an die alte österreichische Safrantradition angeknüpft hatten, kamen weitere Produzenten dazu. Im Jahre 2011 war es der Waldviertler Safran, der unter dem Label »Horstinghurst« vermarktet wird. Dieses lehnt sich an Sissinghurst, einen der größten englischen Gärten in Südengland an, wo Pflanzen und Blumen in prachtvoller Weise gezüchtet werden.

Im Jahr 2012 begann Norbert Niederreiter mit der Produktion des Weinviertler Safrans in Hohenruppersdorf. Der Einstieg verlief jedoch nicht gerade vielversprechend. Aus 10 000 gesetzten Knollen gingen nur 40 Blüten hervor. Von diesem Rückschlag ließ sich Niederreiter aber nicht entmutigen und setzte im darauffolgenden Jahr weitere Knollen. Diesmal mit Erfolg. Heute produziert Niederreiter den Weinviertler Safran auf gut einem Hektar Land. 2014 begannen Theresa Loimer und Marie-Luise Wegmann in Langenlois, Kamptal, mit der Produktion des wertvollen Gewürzes. Im Marchfeld, nahe der slowakischen Grenze, gibt es zwei unterschiedliche Safranlabels: den »Original Marchfelder Bio-Safran« der Familie Schartner aus Lassee und den »Marchfelder Safran« von Thomas Arnberger und Hannes Egerer aus Ollersdorf. 2015 kehrte der Safran auch in die Steiermark zurück. In Ebersdorf, unweit von Merkendorf, wo früher große Safrankulturen bewirtschaftet wurden, setzte Alois Niederl ein paar Versuchsknollen. In den folgenden Jahren vergrößerte er die Anbaufläche kontinuierlich. 2017 begann Andrea Diesel im eigenen Garten in Graz mit einem Testfeld. Ein Jahr später pflanzte sie den ersten steirischen Safran in der Nähe von Straden, südöstlich von Graz auf einer Fläche von 3000 Quadratmetern. Dafür erhielt sie im Jahr 2020 den Innovationspreis des Steirischen Vulkanlandes. Daneben begannen weitere kleine Produzenten mit dem Anbau von Safran in Österreich.

Safrananbau in Deutschland

Kurz nach der Wiederbelebung des Safrans in Österreich begann auch in Deutschland der erste Produzent mit dem Anbau von *Crocus sativus*. Inzwischen baut ein gutes Dutzend Betriebe das rote Gold an, wovon einige eine beachtliche Größe haben. Der Jahresertrag liegt bei etwa drei Kilogramm.

2007 startete der Essigproduzent Georg Heinrich Wiedemann zusammen mit seiner Familie mit dem Safrananbau in der Pfalz. Dabei knüpfte der Inhaber des Venninger Doktorenhofs an eine alte Tradition an. Vom 15. bis ins 19. Jahrhundert war Safran in Ilbesheim und Venningen bereits heimisch. Gleich im ersten Jahr pflanzte Wiedemann auf einer biozertifizierten Fläche von 7000 Quadratmetern 75 000 Knollen. Wegen der mangelnden Erfahrung mit der Pflanze musste er zu Beginn den einen oder anderen Rückschlag hinnehmen. Inzwischen läuft die Produktion des Pfälzer Safrans aber nach Plan. 2018 vergrößerte der Doktorenhof die Safrananlage um 160 000 Knollen auf eine Fläche von knapp einem Hektar. Die jährliche Ernte beträgt über ein Kilogramm. Doch der Pfälzer Safran kommt nicht in seiner Ursprungsform in den Verkauf. Der Doktorenhof vermählt das kostbare Gewürz mit Edelessig und kreiert so einen wunderbaren Safranbalsam. Dieser passt hervorragend zu Rohmilchkäse von Ziege und Schaf, verfeinert aber auch eine Bouillabaisse, Paella oder ein Risotto.

Im Jahr 2012 begannen Christina und Jean-Frédéric Waldmeyer aus dem Bundesland Bayern mit dem Anbau von Safran. Das Know-how erhielten sie im Elsass bei Frankreichs größtem Safranproduzenten Hervé Barbisan in Guémar. Sehr schnell vergrößerten sie die Anbaufläche im mittelfränkischen Unterdallersbach und gehören nun zu den größten Produzenten in Deutschland (siehe Seite 105). Ein Jahr später knüpfte Boris Kunert in der Kleinstadt Stolpen in der Nähe von Dresden an eine alte Tradition an. Bis ins 16. Jahrhundert, so belegt es ein Dokument des sächsischen Geschichtsschreibers Peter von Weißen, wurde auf den Äckern südlich von Leipzig und zwischen Meißen und Dresden *Crocus sativus* angebaut. Vom Safran inspiriert worden war der ehemalige Journalist und landwirtschaftliche Quereinsteiger durch eine Reise in die Schweiz. Dort erfuhr er, dass im kleinen Walliser Dorf Mund seit vielen

Jahren Safran gedeiht. Das bewog den gebürtigen Berliner, ein Versuchsfeld im eigenen Garten anzupflanzen. Im zweiten Jahr kultivierte er bereits 30 000 Knollen auf mehreren Tausend Quadratmetern. Inzwischen befinden sich weit über 100 000 Knollen in seinem Boden. Die jährliche Produktion beträgt 400 bis 800 Gramm. Die kostbaren Narben vermarktet Boris Kunert unter dem Label »Saxen Safran«.

Breit angelegte Feldstudie in Altenburg

Auch in Thüringen belegen Quellen, dass bereits vor 500 Jahren Safran angebaut worden ist. Auf diese alte Tradition zurückgreifend, begannen Andrea Wagner und Frank Spieth zwischen 2013 und 2015 in Altenburg mit den ersten Knollen zu experimentieren. Im Jahr 2016 legten sie Versuchsfelder mit einem bescheidenen Ertrag von zwei Gramm an. Inzwischen haben sie die Anbaufläche vergrößert. Das Schöne daran: Weil sie den Altenburger Safran in Beeten rund um das Schloss Altenburg anpflanzen, ist er eine Bereicherung für alle Schlossgartenbesucher. 2018 startete der Altenburger Safran zudem ein Pilotprojekt. An drei unterschiedlichen Standorten in und um die Stadt Altenburg wurden auf 128 Parzellen 50 000 Knollen gesetzt. Mit diesem Versuch sollen Erfahrungen gesammelt werden über Vermehrung, Düngung, Bewässerung und Kombination der Safranknollen mit anderen Feldfrüchten.

2018 begann Katharina Apfelbacher im fränkischen Ochsenfurt mit dem Anbau des »Franken Safran vom Ströhlershof«. Die Anbaufläche ist noch gering, soll aber kontinuierlich ausgebaut werden.

Die nördlichste Safrankultur in Deutschland und somit im deutschsprachigen Raum befindet sich im Oderbruch bei Altreetz im Bundesland Brandenburg. 2018 begannen Tobias und Khadija Fehlberg mit Versuchsbeeten. Da die Edelpflanze hervorragend gedieh, vergrößerten sie die Kultur im folgenden Jahr auf 20 000 Knollen. In den nächsten Jahren soll sie weiter ausgebaut werden.

Die höchstgelegene Anbaufläche in Deutschland befindet sich auf der Schwäbischen Alb. 2015 pflanzte Frank-Peter Bahnmüller in Sonnenbühl auf 775 Meter über Meer seinen ersten Safran. Wertvolle Inputs erhielt er von Christina und Jean-Frédéric Waldmeyer aus Feuchtwangen, bei denen er ein Praktikum absolvieren durfte. Inzwischen hat er die Anbaufläche kontinuierlich vergrößert. Das Beispiel zeigt, dass der Safrankrokus sehr genügsam ist und auch in höheren Lagen gut gedeiht.

Safrananbau in Südtirol

In Südtirol dauerte es vergleichsweise lange, bis die erste Safrankultur der Moderne entstand. 2016 legten die Schwestern Franzi und Sabine Schgaguler auf dem Winkelhof unweit der Talstation der Seiser Alm Bahn das erste Feld an (siehe Seite 163).

Seit 2017 interessiert sich auch das Versuchszentrum Laimburg für den Anbau von Safran und startete im Landesbetrieb Gachhof bei Meran ein Versuchsfeld. Dabei will es herausfinden, wie gut das kostbare Gewürz in Südtirol angebaut werden kann, wie hoch der Ertrag und wie gut die Qualität ist. Es ist davon auszugehen, dass in den nächsten Jahren auch in Südtirol mehr Landwirte auf die Safranproduktion umstellen werden.

12.

Pflanzen, ernten, verarbeiten

Safran im eigenen Garten

Der Safrankrokus ist genügsam, eigensinnig und arbeitsintensiv. Eigentlich kann ihn jeder im eigenen Garten anbauen. Gefragt sind Geduld und ein wenig Fingerspitzengefühl. Dann steht einem feinen Risotto mit selber produziertem Safran nichts im Weg.

Crocus sativus wächst heute weltweit in trockenem, gemäßigtem und kontinentalem Klima. Die Pflanze erträgt im Sommer Temperaturen bis 40 Grad und im Winter bis minus 20 Grad. Sie mag trockene und warme Sommer sowie feuchte Winter, die mild bis kalt sein dürfen. Nicht geeignet sind tropische oder polare Klimaregionen. Weil der Safrankrokus eine antizyklische Pflanze ist, benötigt er für sein Wachstum ab August regelmäßig etwas Niederschlag. Je nach Bodenbeschaffenheit, Niederschlagsmenge und Temperaturen zeigen sich ab der zweiten Septemberhälfte die ersten Blüten. In dieser Zeit sollten die Temperaturen am Tag mild und in der Nacht nicht zu kühl sein. Die geöffneten Blüten schließen sich nicht mehr. Frost würde ihnen deshalb zusetzen. Sobald die Blüte vorbei ist, beginnen die Blätter, auch Safrangras genannt, zu wachsen. Sie setzen durch die Photosynthese Sauerstoff frei und produzieren Zucker, der für die Reproduktion der Knollen notwendig ist. Regen ist in dieser Phase für die Entwicklung der Pflanze unentbehrlich. Schnee schadet ihr nicht. Er führt besonders im Frühling durch die Schneeschmelze dem Boden wieder Wasser zu, sollte jedoch nicht zu lange auf einem Feld liegen bleiben, weil die Blätter für die Photosynthese Sonnenlicht benötigen. Tiefe Temperaturen beeinträchtigen die Knollen nicht. In sehr harten Wintern ist es aber möglich, dass die Blätter erfrieren und sich dadurch die Knollen weniger stark vermehren. Die Folge ist eine geringere Ernte im folgenden Jahr. Im Frühling welkt das Safrangras, und für die Knollen beginnt die Ruhephase.

Der Boden: Safran mag keine Staunässe

Die Lage ist für den Safrananbau wichtiger als die Beschaffenheit des Bodens. Dieser kann notfalls durch das Einbringen von Kalk, Sand oder Dünger optimiert werden. Grundsätzlich liebt der Safrankrokus eine sonnige Lage auf offenen Feldern. Optimal ist eine leichte Hanglage, die zur Sonne ausgerichtet ist. Die Pflanze hat wenig Ansprüche an den Boden, bevorzugt aber eine lockere, sandige und wasserdurchlässige Erde. Staunässe mögen die Knollen nicht. Diese begünstigt zudem das Auftreten von Pilzkrankheiten.

Lange Zeit ging man davon aus, dass Safran keinen Dünger benötigt. Doch je intensiver der Boden genutzt wird, desto mehr Nährstoffe müssen ihm wieder zugeführt werden. Das belegen diverse Studien aus dem Iran. In dem Land am Persischen Golf führen die Safranproduzenten dem Boden dreimal jährlich mäßig Dünger zu, bestehend aus Kompost sowie vorzugsweise Bio-Kunstdünger mit Schwefel, Phosphor und Stickstoff. Bei jeder Düngung wird der Boden bewässert. Sehr feuchte Böden erhalten zudem Kalium. Der pH-Wert des Bodens sollte zwischen sechs und acht liegen. Felder mit intensiv genutzten Safrankulturen müssen nach einigen Jahren gerodet und danach für mindestens ein bis zwei Jahre anders bepflanzt werden.

Die Knollen: Auf die Grösse kommt es an

Wichtig für einen hohen Ernteertrag ist die Qualität der Safranknollen. Eine Studie einer türkischen Universität hat die Größe und das Gewicht der Knollen mit dem Ertrag verglichen. Dabei konnte sie belegen, dass größere und schwerere Knollen auch mehr Blüten hervorbringen. Zudem bilden größere Mutterknollen auch mehr Tochterknollen. Somit ist es bei einer Neupflanzung sinnvoll, möglichst große Knollen zu pflanzen. Diese werden vom Handel in verschiedene Kategorien nach Zentimeter des Umfangs eingeteilt. Bei der Größe 8 verspricht ein Verkäufer im ersten Jahr etwa 30 Blüten auf 100 Knollen. Die größten Knollen gehören in die Kategorie 11+. Diese Knollen sind am teuersten, dafür ist der Ertrag mit 100 und mehr Blüten auf 100 Knollen entsprechend höher.

Neu gesetzte Knollen blühen größtenteils bereits im ersten Jahr. Am meisten Blüten produzieren sie im zweiten und dritten Jahr. Die alleinige Größe der Knollen verspricht aber nicht immer den höchsten Ertrag. Weil der Knollenpreis von der Größe abhängt, haben sich einige Zuchtbetriebe darauf spezialisiert, möglichst große Knollen zu züchten. Durch eine Überzüchtung kann der Ertrag dann aber wiederum sinken. Aber auch kleinere Knollen können sehr wohl große Erträge abwerfen, falls sie von guter Qualität sind. Als Grundsatz gilt: Eine Knolle sollte mindestens einen Zentimeter im Schnitt messen oder sechs bis zehn Gramm schwer sein. Dadurch hat sie genügend Kraft zum Blühen. Vor dem Kauf der Knollen ist es deshalb wichtig, sich über die Qualität zu informieren. Die meisten Produzenten kommen aus Holland, Italien und Frankreich und liefern Blühgarantien mit. Gleiches gilt für den Einsatz von Pflanzenschutzmitteln. Seriöse Verkäufer liefern Zertifikate mit, die eine biologische oder naturnahe Knollenproduktion bestätigen. Der Import von Knollen aus dem Nicht-EU-Raum, beispielsweise aus dem Iran, ist gesetzlich nur unter sehr strengen Auflagen möglich. Damit soll vermieden werden, dass durch einen unkontrollierten Import mögliche Krankheiten verbreitet werden.

Das Bepflanzen: 50 bis 100 Knollen pro Quadratmeter

Um ein Feld zu bepflanzen, muss die Grasnarbe entfernt und der Boden 30 bis 50 Zentimeter tief mit einer Ackermaschine oder Bodenfräse gelockert werden. Weil die Safranknollen antizyklisch wachsen, werden sie idealerweise zwischen Ende Juli und Mitte August gesetzt. Die Pflanztiefe beträgt 15 bis 30 Zentimeter. Das schützt die Knollen im Winter vor Frost und lässt ihnen in den darauffolgenden Jahren genügend Platz, sich zu vermehren. Der Pflanzabstand ist je nach Land und Region unterschiedlich. Als Grundregel gilt eine Entfernung zwischen den einzelnen Knollen und Reihen von 10 bis 15 Zentimeter. Das ergibt eine Bestockung von 50 bis 100 Knollen pro Quadratmeter. Diese Zahl variiert sehr stark unter den Produzenten. Neueste Studien aus dem Iran zeigen, dass eine dichtere Bepflanzung einen höheren Ertrag abwirft. Die Knollen geraten durch das enge Setzen unter Stress und produzieren mehr Blüten. Dadurch erhöht sich aber auch das Risiko für Pilzbefall, und das Feld muss aufgrund zu hoher Knollendichte früher aufgegeben werden. Mit einer sehr engen Bepflanzung der Felder arbeiten einige Safranproduzenten in Italien erfolgreich. Sie graben die Knollen allerdings jeden Frühling aus und pflanzen sie im Sommer neu.

Bei kleinen Safranfeldern geschieht der Anbau in der Regel von Hand. Bei größeren Flächen lohnt sich der Einsatz von Maschinen. Herkömmliche Setzmaschinen eignen sich allerdings nicht für den Safrananbau. Die Knollen-

größe und die Setztiefe des Safrankrokus entsprechen nicht dem gängigen Saatgut wie Kartoffeln oder Zwiebeln. Diverse Safranproduzenten haben deshalb herkömmliche Setzmaschinen umgebaut und bestücken mit ihnen die Felder in wenigen Stunden. Nach der Bepflanzung ist es wichtig, dass der Boden im August und September genügend Feuchtigkeit hat, damit die Knollen keimen können. Die optimale Temperatur für das Wachstum beträgt um die 20 Grad.

Die Ernte: Bis zu 1,5 Gramm pro Quadratmeter

Der Safrankrokus blüht je nach Temperatur, Lage, Bodenbeschaffenheit und Niederschlag ab Mitte September bis in den November. Die Blühdauer eines Feldes beträgt drei bis vier Wochen. Mitten in dieser Periode findet die Hochblüte statt, auch Decktage genannt. Sie dauert zwei bis sechs Tage und ergibt mit Abstand die höchste Ernte. Neu angepflanzte Safranfelder blühen zwei bis drei Wochen später als mehrjährige Kulturen.

Jede Knolle bringt bis drei, in Ausnahmefällen bis fünf Blüten ans Tageslicht. Diese wachsen über Nacht und in den frühen Morgenstunden und müssen von Hand geerntet werden. Der beste Zeitpunkt ist am frühen Morgen, wenn sie noch geschlossen sind. Dadurch lassen sich später die roten Narben einfacher aus den Blüten herausholen, und die Qualität des Safrans ist am besten. Werden die Narben über längere Zeit dem Sonnenlicht ausgesetzt, verlieren sie wertvolle Inhaltsstoffe. Lässt man die Blüten stehen, schließen sie sich über Nacht nicht mehr und verwelken spätestens nach drei Tagen.

Nicht nur das Pflücken, auch das Ernten des Safrans ist reine Handarbeit und braucht viel Fingerspitzengefühl. Dieser Arbeitsschritt geschieht in der Regel an einem Tisch und nicht direkt auf dem Feld. Dabei wird die rote Narbe vom gelben, weißen und orangen Griffel getrennt. Diese Arbeit wird auch kappen oder strippen genannt.

Für ein Gramm Safran benötigt man etwa 200 Blüten und somit 600 Narben. Für ein Kilogramm des kostbaren Gewürzes sind es 200 000 Blüten. Eine geübte Person kappt pro Tag 15 bis 20 Gramm Safrannarben. Um ein Kilogramm Safran zu gewinnen, müssen im Verlauf eines Jahres rund achthundert Arbeitsstunden geleistet werden. Damit ist klar, weshalb Safran das teuerste Gewürz der Welt ist und auch das rote Gold genannt wird.

Der Trocknungsprozess: Die Methode bestimmt den Geschmack

Gleich nach der Ernte erfolgt der Trocknungsprozess. Dabei verlieren die dunkelroten Narben rund 80 Prozent ihres Gewichts. Frisch geerntet riechen sie nach Rosenblättern, Honig, Jasmin und Zitrusfrüchten. Das typische Safranaroma entsteht erst durch das Trocknen und die Lagerung.

Beim Trocknungsprozess gibt es verschiedene Methoden, die sich in zwei Kategorien einteilen lassen: diejenige mit wenig und diejenige mit viel Hitze. Beide führen zu unterschiedlichen Ergebnissen. Im Iran, aber auch in Indien, Griechenland, Marokko sowie im deutschsprachigen Raum wird Safran meist mit 40 bis 50 Grad indirekt in rund vierundzwanzig Stunden getrocknet. Einige Produzenten lassen ihn auch bei Raumtemperatur ein bis drei Tage trocknen. Bei dieser schonenden Methode behält der Safran seine natürlichen Geruchs- und Geschmacksstoffe.

Die zweite Variante führt zum gerösteten oder getoasteten Safran. Dieser wird über der Glut oder dem offenen Feuer getrocknet. Durch die große Hitze und den Geruch der Glut und des Feuers nehmen die Narben ein typisches Röstaroma an. Der Röster muss jedoch geübt sein und aufpassen, dass die Safrannarben nicht überstrapaziert werden und so an Qualität einbüßen. Diese Methode ist heute vor allem noch in Spanien anzutreffen.

Einige Produzenten setzen auf eine Mischung aus beiden Methoden. Sie führen den Narben zu Beginn des Prozesses in einem Trocknungsapparat für wenige Minuten große Hitze von etwa 90 Grad zu. Danach trocknen sie den Safran schonend bei rund 40 Grad zu Ende. Eine aktuelle Studie aus dem Iran stellte bei dieser Methode höhere Safranalwerte und das beste Safranaroma fest.

Die Lagerung: Das Aroma muss sich entwickeln

Sobald die roten Narben getrocknet sind, werden sie geschützt vor Licht und Feuchtigkeit gelagert. Nun entsteht das typische Safranaroma. Nach etwa 30 Tagen ist es so ausgeprägt, dass mit dem kostbaren Gewürz gekocht werden kann. Das Aroma entwickelt sich in den folgenden Monaten weiter, nach rund einem Jahr ist es am intensivsten. Safran kann bei korrekter Lagerung problemlos zwei Jahre in der Küche verwendet werden.

Die Vermehrung: Das Frühjahr ist entscheidend

Der Safrankrokus ist unfruchtbar. Die Vermehrung geschieht einzig über die vegetative Vermehrung der Knollen. Nach der Blüte bilden sich oberhalb der Mutterknolle kleine Tochterknollen. Diese sind mit der Mutterknolle verbunden und beziehen von ihr die Nährstoffe für das Wachstum. Der Ernteertrag des nächsten Jahres hängt somit davon ab, wie viel Energie die Tochterknollen von der Mutterknolle beziehen können. Dafür kommen zwei Quellen infrage: eine direkte und eine indirekte. Die direkte geschieht über die gespeicherte Energie der Mutterknolle. Je größer und robuster diese ist, desto mehr Nährstoffe kann sie an den Nachwuchs weitergeben. Die indirekte geschieht über das Safrangras. Dieses produziert durch die Photosynthese Zucker, der via Mutterknolle an die Tochterknollen weitergegeben wird. Eine aktuelle Studie aus dem Iran kommt zu dem Schluss, dass das Wachstum der Tochterknollen zu 90 Prozent über die Photosynthese des Safrangrases geschieht. Lediglich zehn Prozent der Energie stammen direkt von der Mutterknolle. Es ist somit entscheidend, dass sich das Safrangras in den ersten Monaten des Jahres optimal entwickeln kann. In dieser Zeit findet das Hauptwachstum der Tochterknollen statt.

Über die vegetative Vermehrung nimmt die Zahl der Safranknollen jährlich um das Zwei- bis Vierfache zu. Dieser Prozess ist im Mai abgeschlossen. Das Safrangras beginnt zu welken, die Knollen gehen in die Ruhephase über. Nun können sie ausgegraben und im Sommer neu gepflanzt werden. Lässt man sie im Boden, konkurrieren sie mit der Zeit untereinander. Bei zu engen Platzverhältnissen nehmen sie ab dem vierten oder fünften Jahr nicht mehr genügend Energie auf und verkümmern. Dadurch geht die Anzahl Blüten stark zurück. Durch ein tiefes Setzen der Knollen sowie regelmäßiges Düngen kann dieser Prozess hinausgezögert werden. Im Iran werden die Knollen üblicherweise 20 bis 25 Zentimeter tief in die Erde gepflanzt. Die Felder blühen dadurch fünf bis acht, teilweise sogar bis zu zehn Jahre. Ähnlich tief setzte man die Safranknollen früher im Walliser Dorf Mund und ließ sie zum Teil jahrzehntelang in der Erde. In Griechenland, Kaschmir und Marokko bleiben die Knollen durchschnittlich vier bis sieben Jahre im Boden. In den meisten Ländern werden die Safranfelder nach drei bis vier Jahren brach gelegt. Es gibt aber auch Safranproduzenten, die ihre Felder jedes Jahr neu bestellen, so in Navelli und anderen Teilen Italiens.

Im Frühling bilden sich die Tochterknollen um die Mutterknolle.

Die Feinde:
Insekten, Wildtiere und Krankheiten

Zu den größten Feinden des Safrankrokus zählen Feldmäuse und Wildschweine. Beide fressen die Knollen und richten erhebliche Schäden an, auch Dachse tun sich ab und zu an den Knollen gütlich. Im Winter ist das Safrangras ein beliebtes Futter für Rehe, Hirsche und Hasen. Ohne das Gras aber kann keine Photosynthese und damit nur ein sehr beschränktes Wachstum der Knollen stattfinden. Deshalb müssen die Felder bei Wildbestand eingezäunt werden.

Bei den Insekten richten vor allem Engerlinge, Drahtwürmer und Maulwurfsgrillen Schäden an. Sie befallen die Knollen und lassen sie absterben. Drahtwürmer können kaum bekämpft werden. Einige Safranproduzenten haben positive Erfahrungen gemacht, indem sie Ringelblumen oder Tagetes auf die Felder setzen. Die Wurzeln dieser Pflanzen sondern Stoffe ab, welche die Drahtwürmer nicht mögen. Auch Kalkstickstoff hilft gegen die Würmer. Es muss jedoch darauf geachtet werden, dass der pH-Wert des Bodens nicht zu stark verändert wird. Maulwurfsgrillen lassen sich durch eine spezifische Art Nematoden (Fadenwürmer) bekämpfen, Engerlinge mit einem Pilz, der in kleinen Mengen bereits im Boden vorkommt.

Nicht oder kaum zu bekämpfen sind Viren oder Bakterien. Viren treten nur selten auf. Sie sind an den Blättern durch gitterartige Muster erkennbar. Viel gefährlicher für eine Safrankultur sind Pilze. Befinden sich die Knollen dicht beieinander, breiten die Pilze sich schneller aus. Staunässe fördert deren Wachstum. Bekannt sind vor allem folgende drei Pilze: Der *Rhizoctonia crocorum* bewirkt eine braune Wucherung und trockene Fäule, der *Fusarium* schädigt die Knolle und hinterlässt einen orangefarbenen Rand an der Grenze zum gesunden Teil, und der *Rhizoctone violet,* auch Safrantod genannt, verursacht eine weiche Fäulnis. Treten Viren oder Pilze in einem Safranfeld auf, hilft nur ein Mittel: die befallenen Knollen ausgraben und entsorgen. Optimal ist es, sie zu verbrennen. Gleichzeitig sollte die Erde großräumig abgetragen und nicht in der Nähe einer Safrankultur deponiert werden.

Große Probleme mit Pilzkrankheiten haben derzeit Safranproduzenten in Kaschmir. Aber auch in anderen Gegenden führen sie zu beträchtlichen Einbußen. Aktuell versuchen mehrere Forscher herauszufinden, wie die drei Pilze bekämpft werden können. Ziel ist es, Bakterienstämme zu finden, die entweder dem Pilz Schaden zuführen oder die Knollen widerstandsfähiger machen. Wissenschaftler der Universität Bremen und der indischen Universität Jammu haben diesbezüglich erste Erfolge erzielt. Bis die schädlichen Pilze jedoch großflächig bekämpft werden können, wird es noch einige Zeit dauern.

Das Jäten: zeitintensiv und aufwendig

Nach der Ernte beginnt das Safrangras zu wachsen. Optimal entwickelt es sich, wenn es nicht zu stark von anderen Pflanzen konkurriert wird. Das Safranfeld sollte deshalb regelmäßig von unerwünschten Gräsern und Kräutern befreit werden. Oft geschieht dies in mühsamer Handarbeit. In den meisten Ländern ist der Einsatz von Pestiziden verboten. Sie würden den Safran belasten.

Bei großflächigen Safrankulturen befreien einige Produzenten die Felder mit Bodenfräsen vom Unkraut, sobald das Safrangras abgestorben ist. Das funktioniert aber nur, wenn die Knollen tief genug gesetzt sind. Das Gewicht der Maschine führt allerdings zu einer unerwünschten Verdichtung des Bodens. Andere Produzenten decken die gejäteten Felder von Mai bis August mit Folien ab. Und wieder andere mulchen die Anlage das ganze Jahr über mit Holzschnitzeln, Stroh oder Heu. Dadurch wird der Arbeitsaufwand für das Jäten reduziert. In einem nassen Sommer besteht aber die Gefahr, dass sich ein Pilz im Boden schneller ausbreitet. Zudem senken Holzschnitzel den pH-Wert der Erde. Safran verträgt sauren Boden nur bedingt.

Das Sommerhalbjahr: eine Zweitkultur auf dem Safranfeld?

Weil der Safrankrokus eine antizyklische Pflanze ist, haben Produzenten immer wieder versucht, im Sommerhalbjahr die Felder anders zu bestellen. Dadurch lassen sich zwei Ernten pro Jahr einfahren. Im Walliser Dorf Mund wird beispielsweise der Safran in Wechselkultur mit Roggen angepflanzt. In Kaschmir kultivieren die Bauern den Safran zum Teil in Aprikosenplantagen. Das Wechselspiel funktioniert, weil die Aprikosenbäume nach der Ernte keine Nährstoffe mehr benötigen und das Laub früh abwerfen. In Deutschland pflanzen die Safranproduzenten aus dem Oderbruch im Mai Kichererbsen, die Anfang September geerntet werden. Weil diese zur Familie der Leguminosen gehören, binden sie Stickstoff, der den Boden anreichert. Davon profitiert ab Herbst der Safrankrokus, der fürs Wachstum Stickstoff benötigt. Weniger gut ist die Kombination von Weizen und Safran. Wie eine iranische Studie belegt, ergänzen sich die beiden Pflanzen nicht.

Safrananbau in Hydrokultur

Unter Hydrokultur versteht man den landwirtschaftlichen Anbau von Pflanzen, die nicht im Erdreich, sondern in wassergefüllten Behältern in einem Gewächshaus wurzeln. Die Pflanzen werden in künstlichen Nährlösungen gehalten, und das Sickerwasser wird im Kreislauf wiederverwendet. Bei der Hydrokultur muss man darauf achten, dass die Wurzeln stets mit Sauerstoff versorgt werden. Nur so können sie Nährstoffe aufnehmen. Ohne Sauerstoffzufuhr würden sie verfaulen. Zum Stützen der Wurzeln wird häufig ein poröses Substrat verwendet, in dem sich die Luft speichert.

Geringer Verbrauch von Wasser und Dünger

Beim Safrananbau in Hydrokultur sehen Wissenschaftler gleich mehrere Vorteile. Viele Anbaugebiete im Iran leiden immer öfter unter Dürreperioden. Bei der Hydrokultur wird den Knollen jedoch nur so viel Wasser zugeführt, wie sie für das Wachstum benötigen. Durch einen gezielten Düngereinsatz sinkt zudem die Umweltbelastung. Versuche in Süditalien haben gezeigt, dass sich bei konstanten Temperaturen von 14 Grad in der Nacht und 22 Grad am Tag die Blühphase des Safrans genau berechnen lässt. Dadurch lassen sich die Erntehelfer optimal einplanen. Im Gewächshaus ist es zudem möglich, die Knollen viel enger nebeneinander oder gar in Regalen übereinander zu pflanzen, was den Ertrag pro Quadratmeter erhöht.

Führende Länder bei der Forschung des Safrananbaus in Hydrokultur sind der Iran, Italien, Spanien und China. Durchgesetzt hat sich diese neue Art der Kultivierung noch nicht. Der Grund liegt auf der Hand: Die Investitionskosten für eine Hydrokultur sind hoch. Gleichzeitig sind in Billiglohnländern wie dem Iran genügend günstige Arbeitskräfte vorhanden. Eine Hydrokultur würde sich somit eher in Ländern mit höheren Lohnkosten rechnen.

Hohe Qualität ist möglich

Eine Studie der Universität Turin aus dem Jahr 2019 hat den Safrananbau in Hydrokultur mit dem konventionellen Anbau verglichen. Dabei untersuchte sie den Ertrag und die Qualität des Safrans, die Inhaltsstoffe, die für die Antioxidantien verantwortlich sind, und die Anzahl gebildeter Tochterknollen. Die Hydrokultur schnitt bei den Tests wegen der sehr gezielten Wasser- und Nährstoffzufuhr sehr gut oder besser ab. Der Ertrag war höher als beim Anbau in Erdkulturen, die Qualität hoch und es konnten mehr Inhaltsstoffe nachgewiesen werden, die für die Bildung der Antioxidantien verantwortlich sind. Nach einem Jahr Gewächshaus hatten die Mutterknollen gar mehr Tochterknollen gebildet als beim konventionellen Anbau.

Der Pflanzenzyklus: Ruhen im Sommer – Wachsen im Winter

Safran wächst wie bereits erwähnt antizyklisch und hat eine jährliche Wachstumsphase von 220 Tagen. Charakteristisch sind die Ruhephase im Sommer und ein aktives Wachstum vom Herbst bis in den Frühling. Die Pflanze durchläuft pro Jahr drei Phasen: die Aktivitätsphase im Spätsommer und Herbst, die Wachstums- und Übergangsphase im Winter und Frühling und die Ruhephase ab dem Frühsommer.

Die Aktivitätsphase beginnt im August. Die Pflanze wechselt von der vegetativen in die reproduktive Phase. Nun folgt die Zeit der Blüteninduktion. In dieser Phase benötigen die Knollen genügend Feuchtigkeit für das Wachstum. Es bilden sich die Keimblätter der Blütenanlagen, die Tragblätter sowie die Staub- und Kronblätter. In der zweiten Augusthälfte beginnen die Wurzeln zu sprießen. Die ersten Blattspitzen zeigen sich im September an der Erdoberfläche. Anschließend wachsen die Blätter rund vier bis fünf Zentimeter in die Höhe. Zwei bis drei Wochen später folgen die ersten Blüten. Die Blühphase, die je nach geografischer Lage und Witterungsverhältnissen zwischen September und November stattfindet, dauert pro Feld drei bis vier Wochen.

Die Wachstums- und Übergangsphase beginnt im November. Es ist die Zeit der vegetativen Vermehrung, in der die Tochterknollen gebildet werden. In dieser Phase setzt das starke Wachstum der Blätter, auch Safrangras genannt, ein. Es ist für die Photosynthese und somit für die Weiterentwicklung der Pflanze notwendig. Die Photosynthese und somit die Bildung der Tochterknollen dauert bis in den Mai. Das Gras bleibt den ganzen Winter über dunkelgrün, auch bei großer Kälte und Schnee. Es wird bis zu 50 Zentimeter lang. Im Mai ist das Wachstum abgeschlossen.

Ab Juni beginnt die Ruhephase. Sie tritt ein, wenn die Tochterknollen fertig ausgebildet und die Mutterknollen abgestorben sind. Die Blätter sind nun vollständig verwelkt. In dieser Phase liegt der Safranacker brach. Es ist die Zeit der totalen Dormanz, der Keimruhe. In der Ruhephase können die Safranknollen ausgegraben werden, um sie später in einer neuen Kultur wieder zu setzen.

Sommer:
Safranknollen sind bereit zum Pflanzen.

Spätsommer:
Wurzeln und Keimtriebe bilden sich.

Frühherbst:
Erste Safrangrasspitzen zeigen sich.

Herbst:
Safranblüten sprießen über Nacht ...

... und öffnen sich am selben Tag.

Herbst:
Safrangras wächst nach der Blüte.

Winter:
Frost und Schnee überziehen das Safrangras.

Frühling:
Safrangras beginnt zu welken.

Frühling:
Mutterknolle hat mehrere Tochterknollen gebildet.

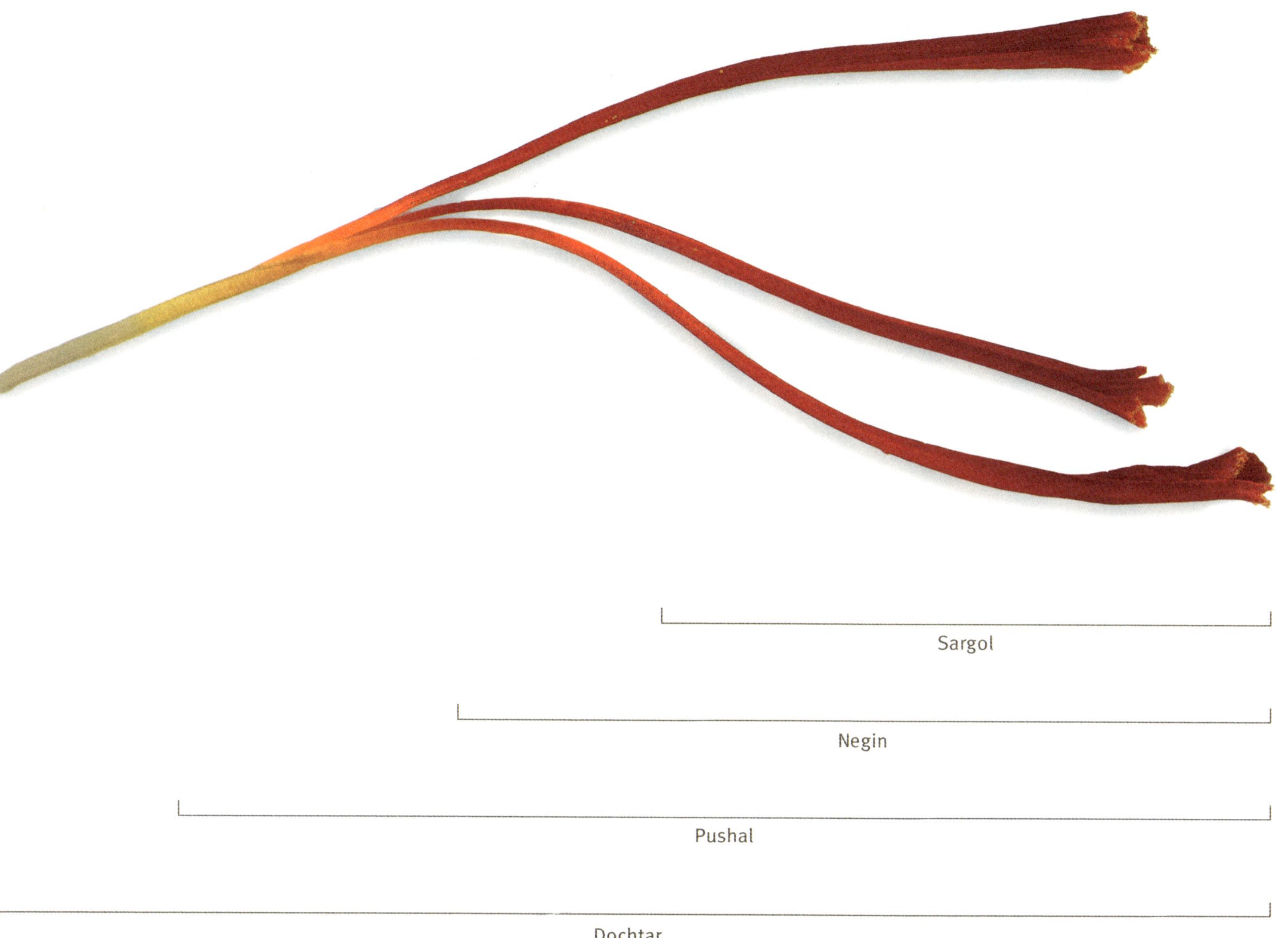
Sargol
Negin
Pushal
Dochtar

13.

Qualität

Nur das Rote zählt

Safran ist das teuerste und meist gefälschte Gewürz der Welt. Seit dem Mittelalter entstanden Qualitätsgesetze. Es lohnt sich, beim Kauf von Safran auf gute Qualität zu achten.

Safran wird nicht umsonst das rote Gold genannt. Als Handelsgut hatte ein Kilo Safran früher vielerorts den gleichen Wert wie ein Kilogramm Gold. Da liegt es auf der Hand, dass nur mit qualitativ einwandfreier Ware Höchstpreise zu erzielen sind. Die Kehrseite der Medaille: Bei keinem anderen Gewürz wird so viel gefälscht. Deshalb entstanden bereits sehr früh Qualitätsgesetze, die den Handel mit Safran regelten.

Ab dem 14. Jahrhundert mussten die Händler die kostbare Ware in vielen Handelsstädten wie Venedig, Basel oder Nürnberg einem Schauamt vorlegen. Nürnberg war damals das Zentrum des Safranhandels in Mitteleuropa und hatte spätestens seit 1357 eine Safranschau, die aus vier Bürgern der Stadt Nürnberg bestand. Offiziell eingeführt wurde sie 1441 als Safran- und Gewürzschau, und sie existierte bis 1852. Die vereidigten Safranschauer von Nürnberg waren bekannt dafür, den Safran am genauesten zu kontrollieren. Sie untersuchten die Ware optisch, prüften die Färbekraft in Wasser, wogen den Safran und ordneten ihn den fünfzehn erfassten Anbauregionen zu. Gutgeheißene Ware wurde verpackt und erhielt ein Gütesiegel. Um die Qualität hoch zu halten, gingen die Nürnberger Behörden rigoros gegen Betrüger vor und fällten unzählige harte Urteile. Diese fassten sie unter dem »Safranschou Code« zusammen. Dadurch entstand ein eigentliches Qualitätsgesetz für Safran. Es half der Obrigkeit, den Handel zu regulieren. Die Safranschau in Nürnberg und das erteilte Gütesiegel hatten einen derart guten Ruf, dass sogar Safran aus der Schweiz, aus Polen und Holland nach Nürnberg zur Prüfung

---

Die vier iranischen Safran-Qualitätsstufen.

geschickt wurde. Mit der Zeit übernahmen die Städte Breslau, Krakau, Leipzig und Passau die Nürnberger Safranordnung. Auch der Reichstag in Augsburg zog nach und erließ im Jahr 1551 in Anlehnung an Nürnberg ein für das Heilige Römische Reich Deutscher Nation gültiges Gesetz gegen den geschmierten Safran, wie das verfälschte Produkt genannt wurde.

Auch in Venedig gab es bereits im Jahr 1374 eine amtliche Prüfstelle, das »Officio dello zafferano«, das den Safran auf seine Reinheit prüfte. Oft mussten jedoch die Safranschauer von Nürnberg ihre Kollegen in Venedig anweisen, genauere Kontrollen durchzuführen, da immer wieder unreine Ware in Nürnberg eintraf. In Basel war der Stadtrat um 1420 aufgrund der vielen Fälschungen gezwungen, einen eigenen Safranschauer zu ernennen. Dieser prüfte die Ware auf ihre Reinheit. Mit einer amtlichen Waage hielt er auch das offizielle Gewicht fest. In Frankreich wurde um 1550 in Blois erstmals eine Ordnung erlassen, die den Handel mit französischem Safran regelte. Ein Brief aus dem Jahr 1772 besagt, dass der französische König Ludwig XV. befahl, in fünfzehn Städten Safraninspektoren zu ernennen, darunter in Orléans, Dijon und Avignon. In Österreich ordnete Kaiser Ferdinand II. im Jahr 1524 die Einführung einer amtlichen Safranwaage an. In Luzern mussten die Safranhändler zweimal im Jahr schwören, nur einwandfreien Safran zu verkaufen.

Der Safranproduzent bestimmt die Qualität

Der Produzent trägt die Hauptverantwortung beim Festlegen des Qualitätsstandards. Bei der Ernte muss er entscheiden, welche Reinheitsstufe er erreichen will. So verliert Safran, wenn die geöffneten Blüten lange der Sonne ausgesetzt sind, an Aroma. Wer also die Blüten frühmorgens, wenn immer möglich noch geschlossen, erntet, legt bereits eine höhere Qualitätsstufe fest. Der zweite Entscheid findet beim Kappen der Narben statt. Die frische, noch nicht getrocknete Narbe ist mehrere Zentimeter lang und tiefrot. Sie sitzt auf dem Griffel, der unten weiß ist. Vor der Gabelung wird er gelb und geht wenige Millimeter nach der Verzweigung in Orange über. Danach folgt der Wechsel zur roten Narbe, in der das Safranaroma enthalten ist. Die weißen, gelben und orangen Teile, also der Griffel der Pflanze, haben kein oder nur wenig Aroma. Sie bringen Gewicht auf die Waage, führen aber zu einer minderwertigen Qualität. Somit ist es entscheidend, an welcher Stelle der Produzent die Safrannarben kappt.

Wichtig für die Qualität des Safrans sind auch der Trocknungsprozess und die Verpackung. Safran darf erst abgefüllt werden, wenn er vollständig trocken ist. Danach muss er lichtgeschützt gelagert werden.

Die ISO-Qualitätsnorm

Mit dem Kupieren der Narben an der gewünschten Stelle wird rein optisch über die Qualität entschieden. Dadurch kann aber noch keine Aussage gemacht werden, wie hoch die Konzentration der wertvollen Inhaltsstoffe Safranal, Crocin und Picrocrocin ist. 1980 hat die International Organization for Standardization (ISO) mit der ISO/TS 3632 eine verbindliche Norm geschaffen, die über die Inhaltsstoffe und somit über die Echtheit und Qualität des Safrans urteilt. Die Norm wurde in den vergangenen Jahren immer wieder angepasst. Die letzte Version stammt aus dem Jahr 2010 mit der Bezeichnung ISO/TS 3632-2.

Bei dieser ISO-Norm wird der Safran im Labor gemäß klar definierten Standards vor allem auf Farbe und Aroma getestet. Zentral sind die Werte bei Crocin (Färbekraft), Picrocrocin (Bitterkeit) und Safranal (Aroma), wobei der Crocinwert am wichtigsten ist, da er einen Einfluss auf die anderen Werte hat. Um in eine der vier Qualitätsklassen zu fallen, muss ein Mindest-Crocinwert erreicht sein. Die Klasse I ist die beste, die Klasse IV die schlechteste. Bei der Klasse I liegt ein Crocinwert von über 190 vor, bei der Klasse II von über 150, bei der Klasse III von über 110 und bei der Klasse IV liegt der Wert zwischen 80 und 110.

Safran aus dem deutschsprachigen Raum erreicht in der Regel die Klasse I, also einen Crocinwert von über 190. Damit ist er dem iranischen Safran ebenbürtig.

Iranische Qualitätsstandards

Im Iran, dem Land mit der größten Safranproduktion, haben sich folgende vier Qualitätsstufen durchgesetzt: Sargol, Negin, Pushal und Dochtar (Dokhtar)-Pitsch, auch Bunch genannt. Entscheidend für die Bezeichnung ist die Länge der Narben. Gleichzeitig müssen gewisse Crocin-, Picrocrocin- und Safranalwerte erreicht sein. Die iranischen Qualitätsbezeichnungen sind somit ähnlich den Standards von ISO/TS 3632-2.

Die beiden höchsten Qualitätsstufen sind Sargol und Negin. Übersetzt heißt Sargol »Spitze der Blume« und Negin »Der Diamant auf dem Ring«.

Beide haben etwas gemeinsam: Sie dürfen keine gelben oder orangefarbenen Bestandteile enthalten. Somit müssen die drei Safranfäden beim Übergang vom Griffel zur Narbe, also nach der Verzweigung am Ende des orangen Teils, gekappt werden. Im Verhältnis Aroma zu Gewicht erreichen Sargol und Negin das beste Ergebnis.

Der Unterschied zwischen den beiden Qualitätsstufen wird einzig über die Länge der Narben definiert. Bei Sargol werden nur die Spitzen geerntet, Negin ist um fünf bis zehn Millimeter länger. Qualitativ ist Sargol etwas hochwertiger, weil die Narbenspitzen mehr Aroma und Farbstoff enthalten. Die langen Negin-Fäden werden gerne in der Küche verwendet, da sie optisch schön zur Geltung kommen. Zusätzlich zu den augenscheinlichen Bedingungen müssen die Qualitätsstufen Sargol und Negin folgende Kriterien erfüllen:

- Crocin (Färbekraft): über 240
- Safranal (Aroma): ca. 50
- Picrocrocin (Bitterkeit) ca. 95

Die dritthöchste Qualitätsstufe heißt Pushal. Um sie zu erreichen, werden die drei Narbenschenkel der Blüte komplett herausgenommen, bleiben aber zusammen. Gekappt wird somit vor der Vergabelung des Griffels. Neben den drei roten Narben gehören zur Pushal-Qualitätsstufe auch der orangefarbene und ein wenig vom gelben Teil des Griffels. Dadurch erhöht sich das Volumen, die Qualität nimmt jedoch ab. Gleichzeitig muss der Safran der Qualitätsstufe Pushal folgende Kriterien erfüllen:

- Crocin (Färbekraft): ca. 225
- Safranal (Aroma): ca. 50
- Picrocrocin (Bitterkeit): ca. 85

Die vierte Qualitätsstufe heißt Dochtar (Dokhtar)-Pitsch oder Bunch und bezeichnet den Safran-Bund. Um sie zu erreichen, wird der gesamte Griffel mit den Narben aus der Safranblüte genommen. Zu dieser Qualitätsstufe gehören somit auch die orangefarbenen, gelben und weißen Teile des Griffels. Dochtar (Dokhtar)-Pitsch bringt am meisten Gewicht auf die Waage. Die Qualität ist am geringsten. Safran dieser Qualitätsstufe muss folgende Kriterien erfüllen:

- Crocin (Färbekraft): ca. 190
- Safranal (Aroma): ca. 40
- Picrocrocin (Bitterkeit): ca. 75

Spanische Qualitätsstandards

Im Gegensatz zum Iran liegt den spanischen Qualitätsstandards keine ISO-Norm zugrunde. Der Safran wird in absteigender Reihenfolge nach den Bezeichnungen Coupé, La Mancha, Rio, Standard und Sierra eingeteilt. Um die Qualität des spanischen Safrans zu testen, wird er zuerst im Labor zu Asche verglüht. Danach werden die Inhaltsstoffe gemessen. Entscheidend für die Kategorisierung ist unter anderem der Crocinwert.

Klassen	Bezeichnung	Crocinwert
Klasse 1	Coupé	› 190
Klasse 2	La Mancha	180–190
Klasse 3	Rio	150–180
Klasse 4	Standard	110–150
Klasse 5	Sierra	‹ 110

Weitere Qualitätskriterien, die geprüft werden, sind der Gehalt an Safranal (für das Aroma) und Picrocrocin (für die Bitterkeit).

Andere Qualitätsstandards

Neben den ISO-Standards und den nationalen Qualitätsnormen der Länder Iran und Spanien gibt es diverse nationale und regionale Labels. Sie dienen vor allem dem Schutz des Anbaugebiets. So unternimmt der iranische Staat große Anstrengungen, die Bezeichnung »Made in Iran« zu fördern. Damit will er zum Ausdruck bringen, dass weltweit über 90 Prozent des roten Goldes aus dem Land am Persischen Golf stammen. Eine beachtliche Menge iranischen Safrans wird wie bereits beschrieben nach Spanien exportiert, dort umgepackt und legal als spanischer Safran verkauft. Das wiederum hat dazu geführt, dass die Region La Mancha ihren Safran mit der Herkunftsbezeichnung »Azafràn de la Mancha« als DOP (Denominación de Origen Protegida) schützen ließ.

Um die Qualität zu steigern und das Produkt besser zu vermarkten, hat das indische Landwirtschaftsdepartement auf Antrag der Region Kaschmir den Begriff »Crocus sativus Kashmirianus« geschaffen.

Eine ähnliche Bezeichnung hatte mit *Crocus austriacus* früher der österreichische Safran, der Safran aus dem Donauraum, der im Mittelalter und bis in die Frühe Neuzeit als einer der besten in Europa galt. Diese Bezeichnung wird heute wieder von diversen österreichischen Safranproduzenten verwendet.

In der Schweiz ist seit 2014 der Safran aus dem Dorf Mund mit der Bezeichnung AOP (Appellation d'Origine Protégée) geschützt. Mund ist der einzige Ort im deutschsprachigen Raum, in dem seit dem Mittelalter durchgehend Safran angebaut wurde.

Weitere Anbaugebiete mit geschützter Herkunftsbezeichnung sind der »Zafferano di Sardegna«, der »Zafferano dell'Aquila«, der »Zafferano di San Gimignano« oder der griechische »Krokos Kozanis«. Mit den geschützten Herkunftsbezeichnungen unterwerfen sich die Produzenten in der Regel zusätzlichen lokalen und regionalen Qualitätsrichtlinien.

Worauf ist beim Safrankauf zu achten

Wer sicher sein will, echten Safran zu kaufen, erwirbt ausschließlich ganze, rote Narben. Safranpulver ist leicht mit Kurkuma, Paprika und Farbstoffen zu fälschen. Beim Kauf von Narben ist auf deren Qualität zu achten. Sie sollten keine weißen, gelben oder orangefarbenen Anteile haben. Die höchsten Qualitätsstufen sind Sargol und Negin. Erkennt man am Ende der Narben die roten Trichter, ist der Safran echt. Wer auf Nummer sicher gehen will, macht den Geschmackstest. Echter Safran schmeckt in der Nase süß und auf der Zunge bitter. Weiter hilft der Test mit einem Glas Wasser. Safran hat eine starke Färbekraft. Doch dazu braucht es Zeit. Wenn die Narben das Wasser sofort tiefrot färben, ist Skepsis angesagt. Erst recht, wenn die Narben schnell blass oder farblos werden. Echter Safran färbt ein Glas Wasser nach zehn bis fünfzehn Minuten intensiv gelb. Bei der Herkunftsbezeichnung ist darauf zu achten, dass das kostbare Gewürz tatsächlich aus dem deklarierten Land stammt. »Producto de España« ist in der Regel iranischer Safran (siehe Kapitel Fälschung).

Der Kauf von Safranpulver ist nicht zu empfehlen, da es oft von minderwertiger Qualität ist. Studien belegen immer wieder, dass im Pulver häufig auch andere Gewürze wie Paprika oder Kurkuma enthalten sind. Wer gerne mit Safranpulver arbeitet, stellt dieses am besten selber durch das Mörsern der ganzen Narben her.

Seit einigen Jahren wird *Crocus sativus* wieder vermehrt in Österreich, Deutschland, der Schweiz und in Südtirol angebaut. Die Qualität dieses Safrans ist in der Regel sehr gut. Zudem kann der lokale Produzent bestätigen, wie naturnah sein Produkt angebaut wird. Etwas, was bei Safran selten deklariert ist. Den angestrebten Crocinwert von mehr als 190 nach ISO-Norm erreichen in der Regel auch die Safranproduzenten im deutschsprachigen Raum.

PORTRÄT

Sabine und Franzi Schgaguler

Safranproduzenten, Südtirol

»Einen schöneren Arbeitsplatz kann es nicht geben«

Eigentlich hatten sie ihre Idee des Safrananbaus bereits aufgegeben. Mehrere Jahre waren vergangen, seit Franzi und Sabine Schgaguler die ersten Safranknollen in den humusreichen Boden ihres kleinen Testfeldes gesetzt hatten. Eigentlich. Doch da blühte an einem warmen und sonnigen Herbsttag plötzlich etwas Lilafarbenes im Testfeld, das eigentlich gar nicht mehr als solches erkennbar gewesen war. Denn inzwischen war es mit Gras und Wiesenblumen fast komplett zugewachsen. Die Überraschung war umso größer. Und beim zweiten Hinschauen war es klar: Bei der Blume mit den drei roten Narben handelte es sich um Safran. In den kommenden Tagen folgten ein paar weitere Blüten. Die Ausbeute blieb bescheiden. Doch die Freude über die gut 20 Narben war so groß, dass Sabine und Franzi Schgaguler damit einen köstlichen Risotto zubereiteten. Und kurzerhand beschlossen sie, es mit dem Anbau von Safran doch noch mal zu versuchen. »Wir waren uns ab diesem Moment sicher, dass es in Südtirol und auf unserer Höhenlage klappen kann«, erklärt Franzi Schgaguler.

Ein Arbeitsplatz mit Aussicht

2016 war es so weit. Auf 1050 Meter über Meer entstand das erste Safranfeld Südtirols. Zumindest das erste, das richtig belegt ist. Denn aufgrund des südlichen Klimas ist im nordöstlichen Teil Italiens zur Zeit der Römer und bis ins 19. Jahrhundert ganz bestimmt Safran kultiviert worden. Doch Aufzeichnungen davon gibt es kaum. Immerhin überrascht es etwas, dass bis heute niemand im Vinschgau, bei Meran oder bei Bozen Safran angepflanzt hat. Dort, wo das Klima optimal ist und Weinreben in großer Anzahl gedeihen. Auf den

Safran kamen die Schwestern eher zufällig. Ungewöhnlich kühles und nasses Wetter hatte sie während einer Pilgerreise im Elsass gezwungen, mehr Zeit als geplant in einem Hotelzimmer zu verbringen. Und so schauten sie im Fernsehen einen Beitrag über Safran. »Wir waren so begeistert, dass wir beschlossen, es zu Hause selber zu probieren«, so Sabine.

Bevor sie 2016 mit dem Bepflanzen eines großen Feldes begannen, recherchierten sie im Internet. Dabei stießen die beiden auf Hannes Pinterits, der den Safrananbau in Österreich wiederbelebt hat, und nahmen mit ihm Kontakt auf. Von ihm erhielten sie wertvolle Tipps, was die Kultivierung betrifft, und bestellten 5000 Knollen. »Es war anfänglich sicher nicht ganz einfach. Da wir die ersten Safranproduzenten in Südtirol sind. Aber der Austausch mit Hannes hat uns sehr geholfen.« Und so bepflanzten sie auf dem Winkelhof, nicht weit von der Talstation der Seiser Alm Bahn entfernt, das wohl am schönsten gelegene Safranfeld des deutschen Sprachraums. Auf einer eindrücklichen Terrasse thront es. Perfekt zur Sonne ausgerichtet. Am Westtor zu den Dolomiten, dem Unesco-Weltkulturerbe, und mit Blick auf den imposanten Schlern. »Wenn ich hier draußen in dieser Umgebung arbeite, wird es still in meinem Kopf, und ich kann über all meine Sinne die Umgebung wahrnehmen«, sagt Sabine. Und fast andächtig blickt sie in Richtung Dolomiten und ergänzt: »Einen schöneren Arbeitsplatz kann es doch gar nicht geben.«

Schonende Produktion

Von einer Vollzeitstelle auf dem elterlichen Bauernhof sind die beiden Schwestern noch weit entfernt. Bisher haben sie 15 000 Knollen gesetzt. Safran ist nach wie vor lediglich ein Hobby, auch wenn sie »von großen Feldern mit violetten Blüten, so weit das Auge reicht« träumen. Sabine arbeitet in einem Sportgeschäft, Franzi in einem Hotelbetrieb. Doch die beiden haben sich der kostbaren Pflanze verschrieben, nicht nur, weil die ersten Buchstaben von SAbine und FRANzi das Wort Safran ergeben. Auch lassen sie sich von Rückschlägen nicht beirren. »Wir haben noch genügend Land«, blickt Franzi hoch auf die leicht ansteigende Terrasse. »Und wir beabsichtigen, das Feld schrittweise zu vergrößern.« Den Acker bearbeiten sie nur mit ihren eigenen Händen und einfachem Werkzeug. Ihr Safran ist somit zu hundert Prozent in reiner Handarbeit produziert.

Der Zauber der Mythen und Legenden

Sehr gespannt sind sie im Herbst, wenn die Ernte naht. Bevor es zur Arbeit geht, steht jeweils ein Rundgang auf dem Feld an, mit der Hoffnung, die erste Blüte zu finden, zu fotografieren und daran zu riechen. »Der frische Safranduft ist blumig und erinnert mich an Veilchen, Rosen und Maiglöckchen. Später kommt dann das erdige, fast rauchige Aroma hinzu«, sagt Sabine. »Es ist mit nichts anderem zu vergleichen. Einfach göttlich, und es macht aus jeder Speise etwas Besonderes.«

Dabei waren die beiden Schgaguler-Schwestern nicht von Anfang an von Safran als Gewürz fasziniert. Viel mehr berührt hat sie die Schönheit der Blüten und der ganze Zauber um die vielen Mythen und Legenden. »Dazu gehört, dass früher mit der safrangelben Farbe Briefe an Könige, aber auch an den Geliebten geschrieben wurden und man Safran auch zum Schminken benutzt hat«, erwähnt Franzi. Aber auch die Aussage des Propheten Mohammed, dass der Boden im Paradies mit reinstem Pulver aus Moschus und Safran bedeckt sein soll. All die vielen Geschichten, die es um das geheimnisvolle Gewürz gibt, haben die zwei Schwestern angetrieben, mit ihm zu experimentieren. So haben sie mit einer befreundeten Homöopathin Safran verrieben. Viele Stunden lang. Nach genauer Vorgabe. Das Endprodukt probierten sie gleich in einem Selbstversuch aus. »Während des ganzen Prozesses haben wir viel über den Einfluss von Safran auf Körper und Geist erfahren. Auf uns hatte er eine vitalisierende und stimmungsaufhellende Wirkung.«

Safran ist für viele etwas Exotisches

Da sie in Südtirol die einzigen Safranproduzenten sind, ist auch bei der Vermarktung der Aufwand groß. »Viele Südtiroler kennen das Gewürz nicht«, sagt Franzi. »Wir müssen erklären, erklären und noch einmal erklären.« Aber das machen die beiden gerne. Dabei geht es nicht primär um den Preis, der natürlich höher liegt als bei importiertem Safran. »Die Südtiroler sind sehr offen für regional angebaute Produkte«, ergänzt Sabine. »Safran ist für viele etwas Exotisches und vor Ort produzierter erst recht. Wir müssen zudem häufig erklären, wie man ihn in der Küche verwendet. Aber das Interesse steigt stetig.«

14.

Küche

Vielfältige Aromen

Safran ist ein sehr komplexes Gewürz, das weltweit unzählige Speisen verfeinert. Es wird in vielen traditionellen Gerichten wie dem Risotto alla milanese verwendet, inspiriert aber auch zu neuen kulinarischen Kreationen. Dabei lohnt es sich, nur mit Safran der besten Qualität zu kochen.

Die verschiedenen Inhaltsstoffe machen den Safran zu dem, was er ist: einem einzigartigen Gewürz. Das typische Safranaroma entsteht aus dem Safranal, Picrocrocin liefert den leicht bitteren Geschmack, und Crocin färbt die Speisen mit dem unverkennbaren Safrangelb.

Frisch geernteter Safran riecht süßlich und fruchtig nach Rosenblättern, Honig, Jasmin und Zitrusfrüchten. Er besitzt das typische Safranaroma noch nicht. Verantwortlich dafür ist das Terpen Safranal. Dieses entsteht erst durch den Trocknungsprozess und die Lagerung. Im ersten Monat durchläuft Safran verschiedene aromatische Stadien. Danach ist das Aroma ausgeprägt vorhanden. Qualitativ hochwertiger Safran schmeckt ab diesem Zeitpunkt intensiv würzig, (zart)bitter, erdig, rauchig, ledrig, scharf und metallisch. Die Aromen reichen von Tabak, Moschus und Jod bis hin zu Vanille und Honig. Der herbe Geschmack stammt aus dem Bitterstoff Picrocrocin. Er wird auch als Safranbitter bezeichnet. Bei einer normalen Dosierung ist der bittere Geschmack jedoch nicht wahrzunehmen. Sobald das Safranal ausgebildet ist, verstärkt sich das Aroma in den folgenden Monaten weiter. Am intensivsten ist es nach einem Jahr. Bis zu zwei Jahre nach der Ernte kann Safran ohne Weiteres verwendet werden.

Safran richtig kombinieren

Das Aroma von Safran ist unverwechselbar und sehr intensiv. Die Kombination mit anderen dominanten Aromen empfiehlt sich nicht. Safran sollte, wenn möglich, für sich alleine stehen. Als einfache Faustregel gilt: Kombiniere Safran mit milden Zutaten, die für Gaumen und Auge eher blass erscheinen. Zu diesen Zutaten zählen weißfleischiger Fisch, Meeresfrüchte, Geflügel, Lamm, Blumenkohl, Fenchel, Reis, Kartoffel, Brot und Hefegebäck sowie Milchprodukte. Safran harmoniert auch gut mit bitteren Ingredienzen wie Mandel, Rhabarber und Zitrusfrüchten, insbesondere der Orange. Wunderbar schmeckt das Gewürz mit Kern- und Steinobst. Quitte, Birne, Apfel, Pfirsich, Pflaume und auch Feige gehen eine harmonische Verbindung mit ihm ein. Safran ist sehr wandelbar und zeigt je nach Kombination mehr seine blumigen oder aber seine herben Geschmacksnuancen.

Safran passt zudem sehr gut zu weißer Schokolade und Honig. Die Kombination mit Beeren ist schwierig. Bei der Verwendung mit anderen Gewürzen ist Vorsicht geboten. Gewürze, die zu Safran passen, sind Anis, Thymian, Basilikum, Rosmarin, Salbei, Lorbeer, Vanille, Zimt, Nelke, Kardamom und Muskat.

Das Einmaleins des Kochens mit Safran

Narben kaufen: Entscheidend für die Anwendung in der Küche ist die Qualität des Safrans. Es empfiehlt sich, mit hochwertigen Narben zu arbeiten und diese bei Bedarf zu mörsern. Safranpulver kann leicht gefälscht werden. Manchmal wird beim Safran ein Crocinwert angegeben. Dieser gibt einen Hinweis auf das Aroma und die Färbekraft. Hier lohnt es sich, auf einen Wert von 190 und mehr zu achten.

Dosierung: Safran ist sehr ergiebig. Bei guter Qualität braucht es wenige Narben, um eine Speise zu veredeln. In der Regel reichen für ein Gericht rund zehn Fäden pro Person oder 0,1 Gramm für sechs Personen. Beim Pulver entspricht das ungefähr einer Messerspitze. Zu viel Safran macht die Speise bitter.

Verwendung: Safran gibt seine vielfältigen Inhaltsstoffe nur langsam ab. Deshalb muss er vor der Verwendung sorgfältig vorbereitet werden. Zwei Varianten empfehlen sich:

Safran in Flüssigkeit einlegen: die Safrannarben am Vorabend in Wasser, Milch oder Weißwein einlegen und zugedeckt ziehen lassen. Die Säure in der Milch oder dem Weißwein beschleunigt den Prozess, die Aromen freizusetzen.

Safran im Mörser zerreiben: Schneller geht es, wenn der Safran in einem Mörser zerrieben wird. Durch die Beigabe von wenig Salz oder Zucker wird beim Mörsern die Oberfläche der Narben einfacher aufgebrochen. Dadurch entfaltet sich das Aroma optimal. Anschließend wird dem Safran die gewünschte Flüssigkeit zugegeben. In der Regel gibt gemörserter Safran etwas mehr Farbe ab. Für die Optik können dem Gericht ein paar ganze Safrannarben dazugegeben werden.

Zeitpunkt der Zugabe: Die drei Inhaltsstoffe Safranal, Crocin und Picrocrocin verhalten sich unterschiedlich in einem Gericht. Will man vor allem das Aroma im Gericht haben, sollte man den Safran zu einem späten Zeitpunkt beigeben. Das für das typische Aroma zuständige Safranal verflüchtigt sich bei großer Hitze und langer Garzeit. Will man möglichst viel Farbe im Gericht haben, muss man den Safran zu Beginn in das Gericht geben. In diesem Fall entfaltet sich das für die safrangelbe Farbe zuständige Crocin am besten. Bei einem Safranrisotto stellt sich die Frage, wie man eine intensive Farbe und gleichzeitig viel Aroma hinbekommt. Das geschieht, indem man den Safran nach dem Andünsten von Zwiebeln und Reis mit der Flüssigkeit in den Reis gibt und den Risotto nur bei geringer Hitze gart. Das dauert zwar etwas länger, bringt aber das gewünschte Ergebnis.

Safran richtig lagern: Safrannarben müssen geschlossen gelagert und vor Licht und Feuchtigkeit geschützt werden. Licht bleicht die Narben aus. Wird Safran offen gelagert, verflüchtigen sich die ätherischen Öle, und Feuchtigkeit kann zu Schimmelbildung führen. Korrekt gelagert behält Safran seine Eigenschaften bis gut zwei Jahre nach der Ernte. Auch über diesen Zeitraum hinaus kann Safran verwendet werden. Die Qualität nimmt jedoch ab. Safranpulver ist weniger lange haltbar als ganze Safrannarben.

Traditionelle Safrangerichte

Iran

Die orientalische Küche gilt als sehr reichhaltig. Geprägt wurde sie durch die vielen Handelswege wie die Seidenstraße, die Gewürzstraße oder die Weihrauchstraße, welche die diversen kulinarischen Einflüsse zusammenbrachten. Im Iran, dem Hauptanbaugebiet von Safran, gehört das kostbare Gewürz in fast jedes Gericht. Traditionell wird es zum Färben und Aromatisieren von Reis, Suppen, Meeresfrüchten, Saucen und vielen Süßspeisen verwendet. Es veredelt auch viele Fleischgerichte wie das iranische Nationalgericht *Tschelo Kebab*. »Tschelo« steht für Reis und »Kebab« für am Spieß über Holzkohle gebratenes Fleisch wie Hühnchen, Rind, Kalb oder Lamm. Es gibt auch eine Variante mit Fisch. Am beliebtesten ist die Variante mit Hühnchen *(Chicken Kebab)*, gefolgt von Rindfleisch *(Koobideh Kebab)*. Der Reis wird immer mit Safran gewürzt. Weitere Beilagen sind Joghurt, Tomaten, Zwiebeln und Basilikum. Weit verbreitet ist auch der Eintopf *Gheimeh*. Dieser besteht aus Lamm- oder Rindfleisch sowie Tomaten, Erbsen, Zwiebeln, getrockneten Limonen und Safran. Dazu werden gebratene Kartoffeln serviert. Ein vollwertiges Gericht ist *Tahchin*, ein Reiskuchen mit Hühnchen, Joghurt, Safran und Eiern. Bei den Süßspeisen verheiraten die Iraner oft Safran mit Rosenwasser oder Safran mit Minze. Beliebt sind die Safrancreme *Katschi*, das süße Krokantgericht *Sohan* oder *Zulbia* und *Bamieh*. Dieser Nachtisch besteht aus zwei Gerichten, die in der Regel zusammen gegessen werden. Zulbia sind frittierte Weizenmehlkringel mit Honig, Rosenwasser und Safran, die auch in Afghanistan und Indien, meist unter anderen Namen, gegessen werden. Bamieh ist eine Art persischer Donut mit Safran und Rosenwasser. Bei Festen isst man im Iran häufig *Shole Zard*, einen süßen Safranmilchreis.

Indien

In der indischen Küche ist Safran ebenfalls sehr beliebt. Im nördlichen Teil des Landes werden die kostbaren roten Narben häufiger eingesetzt als im Süden. Der Grund liegt in der indischen Geschichte. Zwischen 1526 und 1858 beherrschten die islamischen Großmoguln Nord- und Zentralindien und bildeten einen eigenen Staat, das Mogulreich. Dadurch kamen viele Elemente der persischen Kultur nach Indien, und Safran wurde ein fester Bestandteil der indischen Küche. Das heute weitverbreitete Gericht *Biryani* mit Fleisch, gebratenem Reis und Safran ist eine Adaption aus der damaligen Zeit. Das rote Gold ist auch in der Gewürzmischung *Garam Masala* oder dem würzigen Reisgericht *Pulao* (oder *Pilaw*) enthalten. Dieses wird für besondere Anlässe wie Hochzeiten und Bankette als sogenanntes Schmuckreisgericht zubereitet. *Kheer* ist eines der ältesten Rezepte mit Reis, Milch, Safran und Nüssen. Häufig ist Safran in Süßspeisen anzutreffen, beispielsweise im Reisgericht *Zarda*. Sehr beliebt ist *Kulfi*, ein Safraneis, oder *Kesari Bhath*, eine Art Weizengrießpudding mit Safran. *Rasmalai* besteht aus Frischkäsebällchen, cremiger Milch, Zucker, Mandeln und Safran. Und im indischen Joghurtgetränk *Lassi* ist Safran ebenfalls häufig enthalten.

Nordafrika

Wie die orientalische ist auch die nordafrikanische Küche reich an Farben, Düften und Geschmäckern. Safran darf dabei nicht fehlen. So ist das rote Gold Bestandteil des Schmorgerichts *Tajine*, eines Klassikers, der traditionell auf einem Holzkohlefeuer zubereitet wird. Safran gehört in Marokko, Algerien und Tunesien auch zu *Chermoula* (auch *Charmoula*), einer beliebten Marinade, die zu Fisch oder Meeresfrüchten, zum Teil aber auch zu Fleisch und Gemüse verwendet wird. Die Kombination salzig-süß kommt in der nordafrikanischen Küche häufig vor. So in *Mrouzia*, einem Lammfleischgericht mit Honig, Mandeln und Safran. Auch zuckrige Gebäcke mit Safran dürfen in den Maghreb-Staaten nie fehlen, wie *Kaab el Ghazal* (Gazellenhörnchen), die häufig mit einer Mandelmasse gefüllt und mit Orangenblütenwasser verfeinert sind. Sie werden zu besonderen Anlässen wie Hochzeiten oder großen Festen zubereitet. Beliebt ist in Marokko und weiteren Ländern Nordafrikas auch *Pastilla*, eine Fleischpastete mit Hähnchen und Safran. Es existiert davon aber auch eine süße Variante mit Mandeln. Ursprünglich soll das Gericht aus Andalusien stammen.

Spanien

Auch im südeuropäischen Raum haben Safranspeisen aufgrund des jahrhundertelangen Anbaus eine große Tradition. Dazu gehört in Spanien die *Paella*. Ihren Ursprung hat das Reisgericht in Valencia, es wird mit Gemüse und hellem Fleisch wie Kaninchen und Hähnchen oder auch mit Meeresfrüchten zubereitet. Paella ist eines der spanischen Nationalgerichte. Es gibt davon viele Varianten. In Katalonien ist *Zarzuela* sehr beliebt, ein Fischeintopf mit Safran. Ein ganz altes spanisches Rezept mit Safran ist *Sotana Con*, eine Süßspeise, die fast in Vergessenheit geraten ist, nun aber wieder häufiger zubereitet wird.

FRANKREICH

Die provenzalische Fischsuppe *Bouillabaisse* ist in Frankreich das bekannteste Gericht mit Safran. Die erste schriftliche Erwähnung findet sich bei Plinius dem Älteren, also im 1. Jahrhundert. Die Zubereitung, wie wir sie heute kennen, reicht vermutlich ins 16. Jahrhundert zurück. Man geht davon aus, dass die Suppe von Fischern in Marseille aus Fischresten und kleinen Fischen mit Meerwasser gekocht wurde. In Südfrankreich isst man traditionell zur Bouillabaisse und zu anderen Fischgerichten die *Rouille*, eine sämige Sauce aus Knoblauch, Pfefferschoten, Kartoffeln, Safran und Olivenöl, die auf einem Stück Knoblauchweißbrot serviert wird. Aus der Region Bresse stammt der *Fromage de Clon*, ein Rohmilchkäse mit Safran. Dieser war früher sehr beliebt und wurde an die Königshäuser und in den Vatikan geliefert. Nach einer längeren Pause wird er seit dem Jahr 2000 wieder produziert.

ITALIEN

Auch Italien kennt verschiedene Safrangerichte. Das bekannteste ist der *Risotto alla milanese*. In den Abruzzen wird die Vorspeise *Scapece alla vastese* mit Safran zubereitet. Dabei handelt es sich um ein Fischgericht, das seine Wurzeln im Römischen Reich hat. In San Gimignano ist der luftgetrocknete Safranschinken *Prosciutto stagionato allo zafferano* mit der Herkunftsbezeichnung DOP geschützt. Im englischen Sprachgebrauch wird er als »golden ham« bezeichnet. Er hat seinen Ursprung im Mittelalter, als San Gimignano ein regionales Anbau- und Handelszentrum für Safran war. Auf Sardinien gibt es diverse Speisen mit Safran. Am bekanntesten ist *Malloreddus alla campidanese*, eine Art sardische Gnocchi mit Tomatensauce, die mit sardischer Wurst und Safran verfeinert werden. Safran kommt auch im sardischen *Su succu* vor, das ursprünglich aus dem Dorf Busachi stammt. Dabei handelt es sich um ein Nudelgericht mit Tagliolini und einer Fleischsauce mit Safran sowie frischem, leicht säuerlichem Schafskäse.

SCHWEIZ

Auch in der Schweiz gibt es mit der *Cuchaule* eine Safranspezialität. Das leicht gesüßte Hefebrot, eine Art Brioche, wird erstmals 1558 schriftlich erwähnt. Historiker gehen davon aus, dass es aber bereits viel früher zubereitet wurde. Die Cuchaule ist eng mit der Kultur des Westschweizer Kantons Freiburg verbunden. Bäuerinnen bereiteten es im Herbst extra für die Kilbi – oder französisch Bénichon – zu, ein Erntedankfest. Gegessen wird das Festtagsbrot mit Butter und süßem Senf. Seit 2018 ist die Bezeichnung Cuchaule als zweites Schweizer Gebäck, neben dem Walliser Roggenbrot, mit der Herkunftsbezeichnung Appellation d'Origine Protégée (AOP) geschützt. In Mund, dem traditionellen Anbaugebiet des Schweizer Safrans, gibt es eine lokale Variante des *Safranrisottos* mit geräuchertem Speck, Schinken und Tomaten.

Schweden

Auch in Schweden gibt es mit dem *Lussekatt* ein Hefegebäck mit Safran. Traditionell zubereitet wurde es jeweils am 13. Dezember, am Tag von Santa Lucia, der mit Lichterprozessionen gefeiert wird. Das Gebäck ist süß und enthält Rosinen. Zum Lussekatt wird Kaffee oder Glögg getrunken, die schwedische Variante des Glühweins. Lussekatt heißt übersetzt »Luziakatze«, in Anlehnung an Santa Lucia. Die Form des Hefegebäcks soll an eine schlafende Katze erinnern. Neben der S-Form gibt es die Lussekatter auch in der Form eines Kreuzes. Andere Namen für das Gebäck sind *Saffranskuse, Julkuse* oder *Lussebulle*. Jul ist das schwedische Wort für Weihnachten. Lussekatt wird heute nicht mehr nur am 13. Dezember zu Santa Lucia, sondern während der ganzen Adventszeit gegessen. Man findet das süße Hefegebäck inzwischen auch außerhalb von Schweden. In der Schweiz wird es von Underbara Bullar in Bern produziert. Auf der schwedischen Insel Gotland gibt es mit *Saffranspannkaka* ein anderes süßes Safrangericht, eine Art goldgelber Pfannkuchen aus Milchreis und Safran. Gegessen wird er lauwarm oder kalt mit Schlagsahne und Marmelade von blauen Kratzbeeren.

England

Als der Safran im 14. Jahrhundert nach England kam, hielt er auch in der englischen Küche Einzug. Vor allem im 15. und 16. Jahrhundert waren Gewürze wie Safran im ganzen Königreich stark verbreitet. Zu dieser Zeit entstanden in Cornwall die *Cornish Saffron Buns*, ein süßliches Gebäck mit getrockneten Johannisbeeren, Rosinen, Speck und Safran. Gegessen wird es mit Butter. Aus England soll auch das Rezept des französischen *Pain Sally Lunn* stammen, einer süßlichen Brioche mit Safran.

Erst im Mittelalter boomte Safran als Gewürz

In der Antike hatte Safran nicht die gleiche Bedeutung wie heute. Die roten Narben wurden vorwiegend in der Medizin und als Farbstoff verwendet, weniger in der Küche. Um 700 v. Chr. datiert eine Keilschrift aus Mesopotamien, die Angaben über diverse Gewürzpflanzen macht. Darunter findet sich neben Dill, Kardamom, Kümmel, Thymian, Fenchel oder Sesam auch Safran. Im Großreich der Perser und im antiken Griechenland wurden mit Safran Speisen verfeinert und Tee zubereitet. Von den Persern ist überliefert, dass sie um etwa 500 v. Chr. bewässerte Gärten bewirtschafteten. Darin pflanzten sie unter anderem auch Safran an. Beim Persienfeldzug Alexanders des Großen aßen die Truppen Safranreis und tranken Safrantee. Wein war bis in die Neuzeit von schlechter Qualität und wurde in der Antike mit diversen Gewürzen und Honig haltbar und bekömmlich gemacht. Die Römer liebten den Pfefferwein *(vinum conditum* oder *vinum piperatum).* Neben Pfeffer wurde er mit Safran, Honig, Zimt, Mastixharz und Datteln verkocht und beim Genuss mit weiteren Gewürzen wie Zimt und Narde veredelt. In *De re coquinaria,* dem ältesten erhaltenen Kochbuch der römischen Antike von Caelius Apicius, findet sich ein solcher Gewürzwein, der mit Safran zubereitet wurde. Die Römer würzten mit Safran auch Fisch, stellten Gewürzsalze her und färbten Lebensmittel wie Butter und Käse goldgelb. Safrangelben Kuchen buken sie zu Ehren der Liebesgötter und versprachen sich davon Glück in der Ehe. Sie brachten das kostbare Gewürz auch in ihre eroberten Gebiete mit. Dadurch bekam Safran in der europäischen Küche einen höheren Stellenwert, blieb aber der wohlhabenden Bürgerschicht vorbehalten. Mit dem Ende des Römischen Reichs nahm die Bedeutung von Safran in der europäischen Küche wieder ab.

Im 8. Jahrhundert besetzten Mauren und Araber die Iberische Halbinsel und weite Teile der Mittelmeerküste. Mit ihnen kam der Safran zurück nach Südeuropa. Erst durch die Kreuzzüge und den damit verbundenen kulturellen Austausch mit dem arabischen und persischen Raum hielt der Safran Einzug in der gesamten europäischen Küche. Ab dem 13. Jahrhundert wurde der Gewürzhandel mit dem Orient intensiviert. Es brach gar ein regelrechter Safranboom aus. Exotische Gewürze gehörten auf einmal in fast alle Gerichte. Der französische Gelehrte Henri Estienne schreibt dazu 1566 in seinem Werk *Traité preparatif à l'Apologie pour Herodote:* »Zu allen Saucen, allen Suppen, allen Fastenspeisen gehört Safran. Ohne Safran würde es kein echtes Püree, keine gediegene Sauce geben, und ohne Safran lassen sich keine wohlschmeckenden Erbsen kochen.«

Eine Auswertung mittelalterlicher Kochbücher ergab, dass Safran in 34 Prozent aller Gerichte enthalten war. Zu dieser Zeit musste das Fleisch mit Salz konserviert werden. Um dem sehr salzigen Geschmack etwas entgegenzuwirken, würzte man es mit reichlich Gewürzen. Das hatte zur Folge, dass im Jahr 1424 eine durchschnittliche Familie im Monat etwa gleich viel Geld für Schweine- und Rindfleisch wie für Gewürze ausgab. Generell war es in dieser Zeit Mode, scharf zu würzen. Denn oft ließ die Fleischqualität zu wünschen übrig, und der schlechte Geruch musste überdeckt werden. Als Würzmittel wurden häufig Verjus, Wein, Essig, Honig, Pfeffer, Safran, Zimt und Ingwer verwendet. Dadurch bekamen viele Fleisch- und Fischgerichte einen süßsäuerlichen Geschmack. Auch bei Milch und Butter wurden schlechte Gerüche, wegen der begrenzten Haltbarkeit, mit Safran geschönt.

Farbige Gerichte waren das Mass aller Dinge

In der Renaissance, der Phase des Umbruchs vom Mittelalter zur Neuzeit, war die Küche prunkvoll, und Farben waren sehr wichtig. Viele Speisen wurden schwarz, gelb, grün oder rot eingefärbt. Schwarz entstand durch geriebenen Lebkuchen, zerriebenes Schwarzbrot oder schwarzen Kirschsaft, gelb durch Safran oder Blattgold, grün durch Spinat und Petersiliensaft, rot durch Beerensaft und blau durch zerstoßene Blüten von Akelei, Lilie, Kornblume oder Veilchen. Die verschiedenen Farben hatten unterschiedliche Bedeutungen. Gelb stand in Anlehnung an Gold für Glück. Deshalb setzte die Oberschicht sehr häufig Safran in der Küche ein. Wer seinen Reichtum zur Schau stellen wollte, überzog die Speisen zusätzlich mit Blattgold. Der Adel ließ sich oft gefärbte Schaugerichte zubereiten, bei denen die Gäste am Tisch erraten mussten, was sich dahinter verbarg. So modellierten Köche beispielsweise zerkleinertes und zerstampftes Fleisch zu einem Vogel und färbten ihn ein. Da es in der Fastenzeit verboten war, Eier zu essen, wurden diese aus einer Mandelmasse geformt. Die Masse für das Eidotter wurde mit Safran eingefärbt.

Der intensive Einsatz von Safran hielt in der europäischen Küche lange Zeit an. In Zürich war bis vor etwa zweihundert Jahren Huhn in Safranbrühe eine sehr beliebte Speise. Mit der Zeit wendeten sich aber immer mehr Leute von der überwürzten Küche des Mittelalters ab. Vor allem in Frankreich entstand eine Gegenbewegung. So beschwerte sich die Gräfin d'Aulnoy 1691 nach einem Dinner in Spanien: »Alles war so voll von Knoblauch und Safran und Gewürzen, dass ich nichts essen konnte.« Der Trend aus Frankreich setzte sich bald auch in den anderen europäischen Küchen durch.

Safran in alten Kochbüchern

Das älteste erhaltene antike Kochbuch *De re coquinaria* von Caelius Apicius entstand kurz nach Christi Geburt. Aus dem Mittelalter existieren wenige Rezeptsammlungen. Weil damals kaum ein Koch lesen konnte, wurden die Rezepte meist mündlich überliefert. Die wenigen erhaltenen Kochbücher wurden oft von anonymen Schreibern verfasst und bestehen aus einer Zusammentragung von Rezepten. Der Aufbau ist häufig chaotisch. Meistens sind die Speisen nach ihrer Zubereitung aufgelistet. Genaue Mengen- und Zeitangaben fehlen, und unter den zahlreichen Gerichten finden sich auch medizinische Rezepte.

Eine Auswertung der vorhandenen Kochbücher aus dem Mittelalter zeigt jedoch die Bedeutung von Safran in der damaligen Küche. Die älteste erhaltene Sammlung deutscher Kochrezepte entstand in der ersten Hälfte des 14. Jahrhunderts. Sie trägt den Titel *Buch von guter spise* und ist in ostfränkischer Sprache verfasst. Vermutlich stammt das Buch, dessen Autor nicht bekannt ist, aus Würzburg. Es enthält insgesamt achtundneunzig Rezepte. Im ersten Teil finden sich vierundfünfzig Gerichte, wovon dreizehn mit Safran verfeinert werden. Dazu gehören Eierspeisen mit Safran, Pfeffer und Honig. Diverse Rezepte weisen orientalischen Einfluss auf, wie »Huenre von Kriechen« (griechische Hühner) oder »ris von Kriechen« (griechischer Reis).

Das älteste deutschsprachige Kochbuch der Schweiz wurde im Jahr 1559 geschrieben. Es tauchte vor wenigen Jahren beim Räumen eines Dachbodens auf und führt unter dem Titel *Ein schön Kochbuch 1559* nicht weniger als 515 Rezepte auf. Es stammt ursprünglich aus der Küche des bischöflichen Schlosses in Chur. Insgesamt sind darin neunzig unterschiedliche Gewürze aufgeführt, was zeigt, wie intensiv im Mittelalter damit gekocht wurde. Safran war in der Küche der eher ländlich geprägten Stadt Chur sehr bedeutend. In dreiunddreißig Rezepten ist er enthalten. Nur neun andere Gewürze kommen häufiger vor. Spitzenreiter ist Zucker, gefolgt von Zimt, Nelken, Ingwer, Pfeffer, Honig, Mandeln, Muskatblüten und Weinbeeren. Safran findet sich in 17 Prozent der Fisch-, 13 Prozent der Geflügel- und 10 Prozent der Fleischrezepte. Häufig werden die roten Narben mit Ingwer, Pfeffer und Zimt kombiniert.

Die Gerichte lassen sich nur zum Teil mit unserer Esskultur vergleichen. So wurden Biberschwanz, Rehkopf, Würste von Fischen oder ein gutes Gebäck aus Kalbslunge mit Safran zubereitet, Rebhühner mit Safran gesotten oder kalte Vögel eingemacht. Häufig kommt das edle Gewürz in Süßspeisen

vor. Safran ist auch in Gerichten enthalten, die der Gesundheit dienen sollten, wie in »Zitronenäpfel auf eine andere Art, welche den Magen und das Herz stärken, die Verdauung fördern und einen guten Atem machen«.

Im Mittelalter waren farbige Gerichte sehr wichtig. Von der starken Färbekraft des Safrans finden sich im alten Bündner Kochbuch diverse Einträge. So beispielsweise: »Willst du Speisen gelb machen, so nimm Safran, Sandelholz, Brasilholz, jedes 1 Lot, jedes gleich viel, und gib es in ein Glas, gieße gutes Acqua Vitae dazu, dass es zwei Finger breit überdeckt ist.« Ein anderes Rezept zeigt auf, wie »Allerlei Konfekt oder Zucker rot, grün, gelb, blau, türkisblau oder violett-braun« gefärbt werden kann. Bei der Farbe Gelb heißt es: »Nimm ½ Lot Safran, lege es in frisches Wasser, wärme es dann über dem Feuer und seihe es durch ein Tuch. Koche damit den Zucker oder koche ihn mit Schwertblumensaft (gelbe Iris).« Selbst Würste wurden mit Safran gelb gefärbt, wie das Rezept »Willst du Scharwillade (Cervelat) machen« aufzeigt.

Das älteste österreichische Kochbuch stammt vermutlich aus dem 15. Jahrhundert und befindet sich in der österreichischen Nationalbibliothek. Im Kochbuch aus dem Augustiner-Chorherrenstift St. Dorothea mit dem Originaltitel *Puech des closters zu sand dorothe zu wienn* finden sich diverse Gerichte mit Safran. Wie im Mittelalter üblich, spielen auch bei dieser Rezeptsammlung Farben in den Gerichten eine wichtige Rolle. Diverse Speisen wurden mit farbigen Gewürzsaucen, unter anderem mit Safran, überzogen.

Das älteste deutschsprachige Kochbuch der Schweiz:
Ein schön Kochbuch 1559.

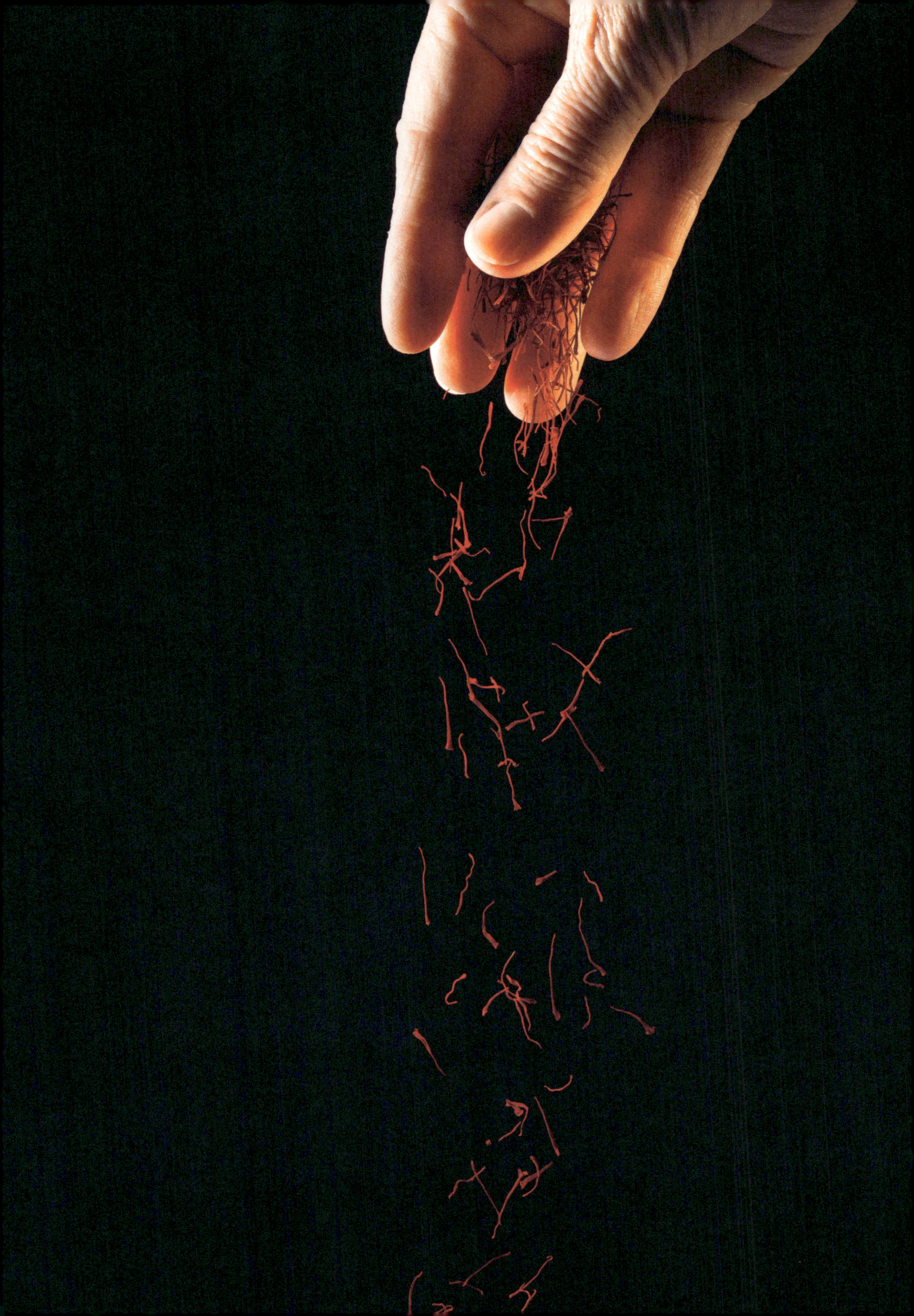

15.

Rezepte

Safran würzt und färbt seit Jahrhunderten Speisen auf einzigartige Weise. Sein Geschmack ist mit nichts zu vergleichen.

Vielen traditionellen Gerichten verleiht Safran das gewisse Etwas, so dem Risotto alla Milanese, der Paella oder der Bouillabaisse. Diese Gerichte sind und bleiben wunderbare Klassiker. Doch Safran kann in der Küche weit mehr. Anna Matscher, Dirk Hoberg, Gabriele Batlogg, Max Stiegl und Tino Zimmermann sind fünf ausgezeichnete und leidenschaftliche Köche aus Deutschland, Österreich, Südtirol und der Schweiz. Sie geben auf den folgenden Seiten einige ihrer Safranrezepte preis, geprägt durch ihren ganz persönlichen Stil. Dazu gehören internationale Gerichte genauso wie solche mit einem lokalen Ursprung.

Alle Gerichte sind für vier Personen berechnet, von der Vorspeise über den Zwischengang bis zur Nachspeise. Wir wünschen viel Spaß beim Nachkochen, und lassen Sie sich inspirieren!

Anna Matscher

Dirk Hoberg

Gabriele Batlogg

Anna Matscher

»Ich bin Südtirolerin mit Leib und Seele. Diese einzigartige Gegend und ihre kulinarische Vielfalt mit unseren Gästen zu teilen, ist für mich pure Freude und grosses Glück.«

Anna Matscher – von der Autodidaktin zur Sterneköchin

»Alleine hätte ich das nie geschafft«, sagt Anna Matscher, mit 17 Gault-Millau-Punkten und einem Michelin-Stern die einzige Sterneköchin in Südtirol. Damit meint sie nicht nur die vielen Auszeichnungen, die sie in den vergangenen Jahren erkocht hat. Sie meint auch das stilvoll umgebaute Restaurant Zum Löwen in Tisens, bei dem Moderne auf Tradition trifft. Im »Löwen« wird seit 1407 gekocht, und wo früher die Gaststube war, ist heute die Küche. Die Gäste speisen im ehemaligen Stadel und im mit Glas überdeckten Innenhof. Die massiven Holzbalken und die naturbelassenen Steinmauern sind Zeugen aus vergangener Zeit. Sie bilden einen perfekten Rahmen, um in stilvollem Ambiente ein paar lukullische Stunden zu genießen.

Tisens liegt zwischen Meran und Bozen, etwas erhöht auf der Westseite des Etschtals. Das Restaurant Zum Löwen steht majestätisch mitten im Dorf, fast wie eine Trutzburg. Es gilt als eine der besten Adressen in Südtirol, seit Anna Matscher es zu dem gemacht hat, was es heute ist. Dabei hat sie sich das Kochhandwerk selbst beigebracht. Als Autodidaktin. Die in Vierschach im Pustertal in eine Bergbauernfamilie geborene Südtirolerin ließ sich in Wien zur Masseurin ausbilden. Zurück in der Heimat, lernte sie ihren Mann Luis kennen, der damals Bankangestellter war. Gemeinsam übernahmen sie 1987 den »Löwen«, der Luis' Großmutter gehörte. »Es war ein Bauchentscheid und eine große Herausforderung. Aber ich habe diesen Schritt nie bereut«, sagt Anna Matscher.

Zweimal eine Woche Praktikum bei Hans Haas im Münchner Restaurant Tantris gaben ihr die nötige Inspiration. Schritt für Schritt arbeitete sie sich nach vorne. Auch dank ihrer Experimentierfreudigkeit. Heute führt Anna Matscher den »Löwen« zusammen mit Mann Luis und Tochter Elisabeth. Beide sind ausgebildete Sommeliers und kümmern sich um das Wohl der Gäste im Service. Sie kombiniert in ihren Gerichten lokale Spezialitäten wie Schüttelbrot oder Graukäse mit Jakobsmuscheln oder sizilianischen Garnelen. Wichtig ist ihr, wo die Produkte herkommen. Gemüse, Früchte und Kräuter liefert Annas Garten. Oft erntet sie dort frühmorgens, was gerade reif ist. Die grüne Oase unweit des Restaurants ist für sie ein Ort der Ruhe und der Inspiration. Zurück in der Küche, vergisst sie alles um sich herum und wird kreativ. »Kochen ist für mich höchster Ausdruck meiner Lebensfreude«, sagt sie und unterstreicht: »Kochen ist Teamwork. Denn alleine hätte ich das nie geschafft.« Wirklich nicht?

Zucchiniblüten mit Büffelricotta, Pfifferlingen und Kräutern

Zucchiniblüten im Tempurateig

320 g Büffelricotta
0,2 g Safrannarben, gemörsert
Salz
8 Zucchiniblüten
55 g Mehl
110 ml Wasser
5 g Bierhefe
Mehl zum Wenden
Rapsöl zum Ausbacken

Den Büffelricotta mit Safran und Salz mischen. Die Zucchiniblüten reinigen und den Blütenstempel vorsichtig entfernen. Aus der Ricottamasse kleine Nocken formen. Die Blüten damit füllen und vorsichtig zudrehen.
Für den Tempurateig das Mehl mit dem Wasser und der Bierhefe glatt verrühren. Anschließend die Blüten zuerst in Mehl und dann im Teig wenden. Das Rapsöl auf 180 Grad erhitzen und die Zucchiniblüten darin knusprig ausbacken. Herausnehmen und auf Küchenpapier abtropfen lassen.

Kräutersalat mit Pfifferlingen

120 g Pfifferlinge (Eierschwämmchen)
Salz
Sherryessig
Olivenöl
Pfeffer aus der Mühle
50 g frische Kräuter, wie Kerbel, Melisse, Dill, Basilikum usw.

Die Pfifferlinge reinigen. In Salzwasser einmal aufkochen und auskühlen lassen. Danach mit Sherryessig, Olivenöl, Salz und wenig Pfeffer marinieren und die Kräuter daruntermischen.

Anrichten

Die ausgebackenen Zucchiniblüten in der Mitte des Tellers anrichten und mit Pfifferlingen und Kräutern ausgarnieren.

Zucchiniblüten mit Büffelricotta, Pfifferlingen und Kräutern

Dampfbrötchen mit Safran-Mayonnaise und Lammrücken

Dampfbrötchen

75 ml Wasser
75 ml Milch
2,5 g Bierhefe
250 g Mehl
25 ml Olivenöl
5 g Salz
Öl zum Bestreichen

Das Wasser mit der Milch verrühren und die Hefe darin auflösen. Anschließend das Mehl zugeben und mit der Küchenmaschine 5 Minuten oder von Hand 15 Minuten kneten.
Das Olivenöl langsam in den Teig einarbeiten und das Salz dazugeben. Weitere 5 Minuten kneten.
Den Teig zu einer Kugel formen und mit einem Tuch abdecken. Bei Zimmertemperatur 30 Minuten ruhen lassen. Anschließend den Teig in vier Teile schneiden und diese zu Kugeln formen.
Ein Lochblech mit Öl bestreichen und die Kugeln darauflegen. Das Blech mit Klarsichtfolie abdecken und die Kugeln 6 Stunden bei Zimmertemperatur ruhen lassen.
Die Brötchen mit etwas Wasser besprühen und im Ofen bei 130 Grad mit Dampf 12–15 Minuten backen.

Safran-Mayonnaise

2 Eigelb
50 ml Sonnenblumenöl
50 ml Olivenöl
0,1 g Safrannarben, gemörsert
Salz

Das Eigelb, das Sonnenblumenöl und das Olivenöl mit dem Pürierstab zu einer Mayonnaise verrühren. Den Safran unterrühren und die Mayonnaise mit Salz abschmecken.

Lammrücken

150 g Lammrücken
Salz, Pfeffer aus der Mühle
Olivenöl
50 g frische Kräuter, wie Pimpinelle, Löwenzahn, Kerbel usw.
Sherryessig

Den Backofen auf 200 Grad Ober- und Unterhitze vorheizen.
Den Lammrücken mit Salz und Pfeffer würzen und von beiden Seiten in Olivenöl anbraten. Im vorgeheizten Ofen 5 Minuten garen und anschließend bei 80 Grad 10 Minuten ruhen lassen.
Die Kräuter mit Olivenöl, Sherryessig und Salz marinieren.
Den Lammrücken in feine Scheiben schneiden.

Anrichten

Die Dampfbrötchen kreuzweise einschneiden und etwas auseinanderdrücken. Die Mayonnaise in einen Spritzsack füllen und in die Brötchen spritzen. Das Lamm und die Kräuter auf den Brötchen anrichten. Teller nach Belieben garnieren.

Gerstenrisotto und feine Scheiben vom Kalbsrücken

Gerstenrisotto

$^{1}/_{2}$ Schalotte, klein gewürfelt
Olivenöl zum Dünsten
200 g Gerste
50 ml Weißwein
500 ml Gemüsefond
0,2 g Safrannarben, gemörsert
80 g Parmesan, frisch gerieben
80 g Butter

Die Schalottenwürfel in Olivenöl farblos anschwitzen.
Die Gerste zugeben und ebenfalls etwas anschwitzen. Mit dem Weißwein ablöschen und den Wein verdunsten lassen. Den Gemüsefond angießen, dann den Safran zugeben. Die Gerste unter gelegentlichem Rühren etwa 20 Minuten köcheln lassen wie einen herkömmlichen Risotto. Am Ende der Garzeit mit dem Parmesan und der Butter abschmecken.

Kalbsrücken

200 g Kalbsrücken
Salz, Pfeffer aus der Mühle
1 Zweig Rosmarin
Olivenöl zum Braten
100 ml Kalbsfond
1 TL Butter

Den Backofen auf 200 Grad Ober- und Unterhitze vorheizen.
Den Kalbsrücken salzen und pfeffern, mit dem Rosmarin bestreuen und von beiden Seiten in Olivenöl anbraten. Im vorgeheizten Ofen 5 Minuten garen und anschließend bei 80 Grad 10 Minuten ruhen lassen.
Den Bratensatz in der Pfanne mit dem Kalbsfond aufkochen, die Butter zugeben und zu einer Sauce einreduzieren.

Anrichten

Safrannarben
frische Kräuter

Den Gerstenrisotto in die Mitte des Tellers geben, den Kalbsrücken in feine Scheiben schneiden und als Rosette auf dem Gerstenrisotto anrichten. Etwas von der Sauce über das Fleisch geben. Mit Safrannarben und Kräutern garnieren.

Im Safransud gegarte Ananasrenette und Preiselbeer-Eis

Ananasrenette

4 Ananasrenetten oder andere leicht säuerliche Apfelsorte wie Gravensteiner oder Granny Smith
400 ml Wasser
100 g Zucker
0,2 g Safrannarben

Die Äpfel schälen und das Kerngehäuse ausstechen. In einem kleinen Topf das Wasser mit dem Zucker und dem Safran aufkochen und die Äpfel hineingeben. 20 Minuten köcheln, dann in der Flüssigkeit auskühlen lassen.

Fenchelschaum

100 ml Sahne (Rahm)
50 ml Milch
1 EL Zucker
1/2 TL Fenchelsamen
1/2 Blatt Gelatine

Die Sahne mit der Milch und dem Zucker aufkochen und die Fenchelsamen hineingeben. Einige Stunden stehen lassen. Danach durch ein Sieb abgießen.
Die Gelatine in kaltem Wasser einweichen, dann in der erwärmten Fenchelflüssigkeit auflösen. In eine Espuma-Flasche (Sahnespender) füllen und eine Gaskapsel aufschrauben oder die Fenchelflüssigkeit mit einem Handmixer schaumig rühren.

Schokolade-Erde

100 g Zucker
100 g dunkle Schokolade

3 Teelöffel Wasser mit dem Zucker auf 121 Grad erhitzen und über die Schokolade gießen. Die Masse auskühlen lassen und zerbröseln.

Preiselbeer-Eis

500 g Preiselbeeren
2 EL Zucker
2 EL Weißwein
100 ml Sahne (Rahm)
100 g Zucker

Für das Eis wird zuerst ein Preiselbeer-Kompott hergestellt. Dazu die Preiselbeeren mit 2 Esslöffeln Zucker und dem Weißwein zu einem Kompott einkochen und auskühlen lassen.
400 g Kompott abwiegen, die Sahne und 100 g Zucker zugeben und mit dem Mixer verrühren. Danach in der Eismaschine gefrieren lassen.

Anrichten

Die Schokolade-Erde auf einen Teller geben und die pochierten Äpfel darauf anrichten. Eine Nocke Preiselbeer-Eis dazugeben und mit Fenchelschaum ausgarnieren.

Kastanien-Safran-Praline im weissen Schokoladenmantel

Safran-Schokoladen-Kern

125 ml Sahne (Rahm)
0,2 g Safrannarben, gemörsert
100 g weiße Schokolade

Für den Safran-Schokoladen-Kern die Sahne erhitzen, den Safran dazugeben und die weiße Schokolade einrühren. Die Masse in eine Halbkugelmatte aus Silikon (3 cm Durchmesser) füllen und gefrieren lassen. Von den gefrorenen Halbkugeln jeweils zwei Hälften zusammenfügen und zurück in den Gefrierschrank geben.

Schokoladenmantel

150 g Esskastanien
30 ml Sahne (Rahm)
1 TL Puderzucker
1 TL Rum
weiße Schokolade, für das Überziehen der Pralinen

Die Kastanien in Wasser kochen, bis sie weich sind. Mit einem Messer längs in der Mitte auseinanderschneiden, mit einem kleinen Löffel aushöhlen und durchpassieren (Flotte Lotte, Passevite). Danach mit Sahne, Puderzucker und Rum mischen und um den Safran-Schokoladen-Kern geben. Der Kastanienmantel darf bis zu 1 cm dick sein.
Zum Schluss die weiße Schokolade schmelzen. Die flüssige Schokolade auf 28 Grad erwärmen und die Kugeln in die Schokolade eintauchen.

Anrichten

Safrannarben

Bevor die Kugeln trocken sind, auf Tellern anrichten, mit Safrannarben garnieren und servieren.

Tipps

Damit die Halbkugeln zusammenhalten, müssen sie eine glatte Oberfläche haben.
Übrig gebliebene Schokoladenmasse hält sich luftdicht verschlossen einige Wochen im Kühlschrank.

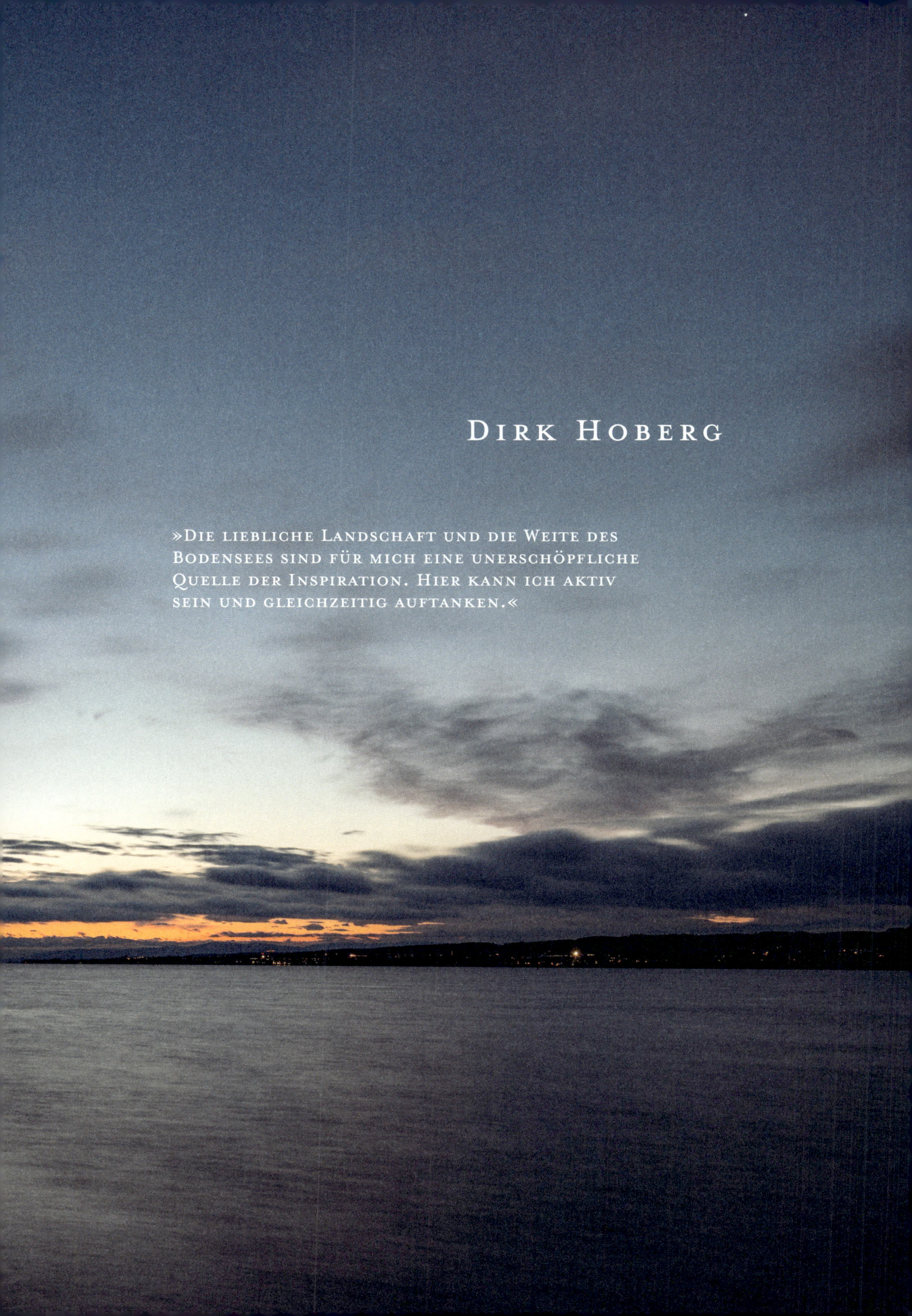

Dirk Hoberg

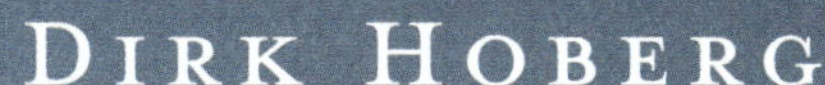

»Die liebliche Landschaft und die Weite des Bodensees sind für mich eine unerschöpfliche Quelle der Inspiration. Hier kann ich aktiv sein und gleichzeitig auftanken.«

Dirk Hoberg – Bestes von nah und fern

Dirk Hoberg kocht an traumhafter Lage direkt am Bodensee. Seit Sommer 2010 ist er Küchenchef im Restaurant Ophelia Fine Dining, das zum Hotel Riva Konstanz gehört. Wer im »Ophelia« speist, findet sich in eine äußerst stilvolle Welt voller Genuss versetzt. Das Restaurant befindet sich in einer eleganten Jugendstilvilla mit Baujahr 1909, nur einen Steinwurf vom Bodensee entfernt. In diesen hat sich der Niedersachse verliebt, seit er seine Wirkungsstätte nach Konstanz verlegt hat. »Wer einmal hier gelebt hat, kann sich kaum einen schöneren Ort vorstellen«, schwärmt er.

Geboren ist Dirk Hoberg 1981 in Osnabrück. Die Ausbildung zum Koch absolvierte er in seiner Heimatstadt im Restaurant Walhalla. Danach folgten die Wanderjahre in zahlreichen vom Guide Michelin ausgezeichneten Betrieben. 2002 wechselte er ins Restaurant La Vie in Osnabrück und 2004 ins Restaurant Tristan auf Mallorca. Danach arbeitete er bei Persönlichkeiten wie Hans Stefan Steinheuer im Restaurant Zur Alten Post in Bad Neuenahr und bei Harald Wohlfahrt in der »Schwarzwaldstube« des Hotels Traube Tonbach in Baiersbronn. Seit Dirk Hoberg das »Ophelia« leitet, ist er zu einem der besten Köche Deutschlands aufgestiegen. 2018 wurde er Aufsteiger des Jahres mit 18 Punkten im Gault Millau. Der Guide Michelin verleiht ihm seit 2012 zwei Sterne. Dirk Hoberg sieht diese Auszeichnungen zwar als Bestätigung seiner

Arbeit, sagt aber bestimmt: »Eine solche Leistung ist nur im Team möglich.« Dabei ist es für Dirk Hoberg unabdingbar, stets nur die besten Produkte zu verarbeiten. Wobei er – wen wundert's – eine spezielle Liebe zu allem hat, was aus dem Wasser stammt. Dazu gehören auch Seeigel oder Kaisergranat. »Die gibt es leider nicht im Bodensee«, sagt er.

Trotz seines Renommees ist Hoberg bescheiden geblieben. »Ich fühle mich wohl, wenn meine Gäste glücklich sind.« Das erreicht er in der Regel immer mit seiner ehrlichen und qualitativ hochstehenden Küche. Viele Gäste pilgern aus ganz Deutschland und der angrenzenden Schweiz ins »Ophelia«. Das Restaurant darf aber auch auf viele Stammkunden aus Konstanz zählen. »Für mich ist es wichtig, dass die lokalen Gäste das Restaurant genauso schätzen wie die mit längerer Anreise. Das gibt mir eine Verankerung, ein Gefühl von Heimat«, sagt er. Und fügt hinzu: »Wenn auch der Gast aus der Nachbarschaft wiederkommt, dann haben wir alles richtig gemacht.«

Kaisergranat in Safrangelee mit Variationen von der Tomate und Rucola-Mayonnaise

Tomatenmousse

200 g Tomaten aus der Dose
2 Schalotten, klein geschnitten
Olivenöl zum Dünsten
50 g Tomatenmark
Salz, Pfeffer aus der Mühle
4 Blatt Gelatine
100 ml Sahne (Rahm)

Die Dosentomaten glatt pürieren. Die Schalotten in etwas Olivenöl anschwitzen. Das Tomatenmark zugeben und ebenfalls anschwitzen. Die pürierten Dosentomaten hinzufügen und etwa 15 Minuten reduzieren lassen, mit Salz und Pfeffer abschmecken.

Die Gelatine in Eiswasser einweichen. Die Tomatenpaste durch ein sehr feines Sieb streichen und die eingeweichte Gelatine darin auflösen. Die Sahne schlagen, bis sie nicht mehr flüssig, aber auch nicht zu fest ist, und unter die lauwarme Tomatenmasse heben. Die Mousse in eine Silikonform füllen und im Kühlschrank kalt stellen.

Tomatenvinaigrette

200 g Tomaten aus der Dose
50 g Tomatenmark
50 g getrocknete, in Öl eingelegte Tomaten
100 ml Traubenkernöl
50 ml Tomatenessig
8 g Salz
10 g Zucker

Die Dosentomaten, das Tomatenmark und die getrockneten Tomaten glatt pürieren und in einem Küchentuch 5 Stunden abhängen lassen. Den daraus entstandenen Saft mit dem Traubenkernöl und den restlichen Zutaten mischen.

Kaisergranat in Safrangelee

4 rohe Kaisergranate
480 ml Krustentierfond
1 g Safrannarben
32 g vegane Gelatine (z. B. Agar Agar oder Gellan)

Die Krebse aus der Schale brechen und den Darm entfernen. Den Krustentierfond erhitzen, die ganzen Safrannarben zugeben und ziehen lassen. Abkühlen lassen.

Die vegane Gelatine in den abgekühlten Fond einrühren und den Fond nochmals aufkochen. Die rohen Kaisergranatschwänze in das noch warme Safrangelee tunken.

Rucola-Mayonnaise

200 ml Traubenkernöl
4 Bund Rucola
1 Eigelb
1 TL Senf
1 TL Brühe (Gemüse-, Geflügel- oder Fischbrühe)
Champagneressig
Zitronensaft
Salz, Pfeffer aus der Mühle

Das Traubenkernöl mit dem Rucola auf 80 Grad erhitzen und glatt pürieren. Danach auf Eis kalt rühren und durch ein sehr feines Sieb streichen. 150 ml Rucola-Öl abmessen.
Das Eigelb mit dem Senf verrühren und die Brühe hinzugeben. Unter ständigem Mixen oder Rühren das Rucola-Öl in die Eimischung fließen lassen, bis die gewünschte Konsistenz erreicht ist. Mit Essig, Zitronensaft sowie Salz und Pfeffer abschmecken.

Orangengelee

500 ml frisch gepresster Orangensaft
100 g Zucker
5 g Agar Agar
5 g Gellan
Salz, Pfeffer aus der Mühle

Den Orangensaft mit Zucker, Agar Agar und Gellan aufkochen, auf ein Blech gießen und erkalten lassen. Wenn das Gelee ausgekühlt ist, in einen Mixer geben und fein mixen. Durch ein feines Sieb passieren und mit Salz und Pfeffer abschmecken.

Anrichten

Reichenauer Inselperlen
feine Rucolaspitzen

Die Reichenauer Inselperlen oder andere kleine, süßliche Tomaten, in Scheiben und Sechstel schneiden. Das Orangengelee als Spiegel auf den Teller geben. Den Kaisergranat in Stücke schneiden und auf dem Orangengelee anrichten. Rucola-Mayonnaise, Tomatenmousse, Tomatenvinaigrette und Tomatenscheiben neben den Kaisergranat geben und mit Tomatensechsteln und Rucolaspitzen garnieren.

Wissenswertes

Die Reichenauer Inselperle ist eine kleine, süßliche Tomate von der Insel Reichenau im Bodensee.
Agar Agar wie auch Gellan sind Gelier- und Verdickungsmittel, die auch für die vegane Küche geeignet sind.

Kaisergranat in Safrangelee mit Variationen
von der Tomate und Rucola-Mayonnaise

Safran-Ravioli mit Garnelen und Krustentiersuppe

Krustentiersuppe

1 kg Karkassen von Krustentieren
60 g geklärte Butter (Butterschmalz), ersatzweise Ghee
500 g Gemüsewürfel (Karotte, heller Teil vom Lauch, Zwiebel, Fenchel, Staudensellerie)
4 cl Cognac
200 ml trockener Weißwein
250 g geschälte Tomaten aus der Dose
1/2 Knoblauchzehe
5 weiße Pfefferkörner, zerstoßen
4 Pimentkörner
1 Thymianzweig
500 ml Sahne (Rahm)
Salz, Pfeffer aus der Mühle

Die Karkassen zerstoßen und in einem Topf in der geklärten Butter anschwitzen. Die Gemüsewürfel hinzugeben, mit dem Cognac ablöschen und den Weißwein dazugießen. Die Tomaten glatt rühren und ebenfalls in den Topf geben. Knoblauch, Pfeffer, Piment und Thymian zugeben und mit Wasser aufgießen, bis alles bedeckt ist. Im offenen Topf 20 Minuten kochen. Durch ein Passiertuch passieren und die Suppe reduzieren lassen. Die Sahne hinzugeben, nochmals etwas einkochen und mit Salz und Pfeffer abschmecken.

Safran-Ravioli

Für den Nudelteig:
125 g Vollei (ganze, frische Eier oder gekauftes, pasteurisiertes Vollei)
125 g Eigelb (frisch oder pasteurisiert)
1 Msp. Safrannarben, gemörsert
1 EL Olivenöl
Salz
400 g Mehl, Type 405
100 g Dunst
Eigelb zum Bestreichen

Für den Teig Eier, Eigelb, Safran, Olivenöl sowie Salz mischen und mit dem Handmixer kurz verrühren. Das Mehl und den Dunst in eine Schüssel sieben, zu der Eiermischung geben und alles zu einem Nudelteig verrühren. Falls der Teig zu fest ist, etwas Wasser hinzufügen. Er sollte homogen sein und nicht an den Fingern kleben. Den Nudelteig mindestens 12 Stunden im Kühlschrank ruhen lassen.

Für die Füllung: 4 rote Riesengarnelen (Carabiniero) 1 rote Chilischote 12 Kaiserschoten (Süßerbsen, Zuckererbsen, Kefen oder Kiefelerbsen) Thaischnittlauch Salz, Cayennepfeffer	Für die Füllung die Garnelen aus der Schale brechen, den Darm entfernen und die Schwänze klein schneiden. Die Chili entkernen und in sehr feine Würfel schneiden. Die Kaiserschoten und den Thaischnittlauch ebenfalls klein schneiden. Alles mit Salz und Cayennepfeffer abschmecken. Den Nudelteig in zwei Teile teilen und jeweils rechteckig dünn ausrollen. Auf die eine Teigplatte kleine Häufchen der Füllung setzen. Die Ränder mit Eigelb einpinseln und die Platte mit der anderen Teigplatte bedecken. Die Luft herausstreichen und den Teig jeweils um die Füllung herum gut festdrücken. Ravioli ausstechen oder ausschneiden und in kochendem Salzwasser garen.

Anrichten

Wildkräuter Kresse Blüten	Die Ravioli in tiefe Teller geben, mit Wildkräutern, Kresse und Blüten ausgarnieren. Die Krustentiersuppe erhitzen und mit dem Stabmixer aufschäumen. Am Tisch zu den Ravioli gießen.

Tipp

Hervorragend schmeckt die Suppe auch, wenn man nur Hummerkarkassen verwendet.

Wissenswertes

Geklärte Butter oder Butterschmalz ist ein Butter-Reinfett, dem Wasser, Milcheiweiß und Milchzucker durch vorsichtiges Erhitzen entzogen wurden. Als Alterntive kann auch Ghee verwendet werden.

Muscheln und Seeigel
mit Muschel-Safran-Sud

Muscheln und Seeigel mit Muschel-Safran-Sud

Muschel-Flan

300 g Miesmuscheln, gekocht
200 ml Muschelfond
300 ml Sahne (Rahm)
8 Eigelb
150 g Butter
1 Msp. Safrannarben, gemörsert
Salz, Pfeffer aus der Mühle

Alle Zutaten zusammen mit dem Handrührer oder dem Mixer verrühren, durch ein feines Sieb passieren und mit Salz und Pfeffer abschmecken. Die Masse in kleine, tiefe Teller füllen. Im Backofen bei 80 Grad Ober- und Unterhitze etwa 30 Minuten garen, bis die Masse gestockt ist. Danach kühl stellen.

Muschel-Safran-Sud

1 Fenchelknolle
1 Stange Staudensellerie
3 Schalotten
2 Knoblauchzehen
250 g Miesmuscheln, gekocht
100 g Eiweiß
1 l Muschelfond
2 Msp. Safrannarben, gemörsert

Das Gemüse, die Schalotten und den Knoblauch klein schneiden. Alles mit den Muscheln und dem Eiweiß mischen und kurz anmixen. Danach mit dem Muschelfond verrühren und in einen Topf geben. Bei kleiner Hitze unter leichter Bewegung erhitzen und den Klärprozess einleiten. Wenn das Eiweiß zu stocken beginnt und aufsteigt, nicht mehr rühren und den Fond etwa 20 Minuten leicht köcheln lassen.
Den Fond erkalten lassen. Der Klärkuchen wird absinken, und man kann vorsichtig mit dem Passieren durch ein feines Küchentuch beginnen. Danach den Safran hinzugeben und den geklärten Muschelfond bis zur gewünschten Intensität einkochen.

Safrangelee

480 ml Krustentierfond
1 g Safrannarben
32 g vegetarische Gelatine

Den Krustentierfond erhitzen und die Safrannarben darin ziehen lassen. Abkühlen lassen. Die vegetarische Gelatine in den abgekühlten Fond einrühren und den Fond nochmals aufkochen. Danach den Fond ganz auskühlen lassen.

Sauce Rouille

1 Knoblauchzehe
1 Msp. Safrannarben, gemörsert
1 Eigelb
1 mehligkochende Kartoffel, gekocht
125 ml Olivenöl
Salz, Cayennepfeffer, weißer Pfeffer aus der Mühle

Den Knoblauch schälen und im Mörser zerstoßen. Den Safran und das Eigelb hinzufügen. Die Kartoffel mit in die Masse geben und alles gut verrühren. Nun das Olivenöl unter Rühren einlaufen lassen, bis die gewünschte Konsistenz erreicht ist.
Mit Salz, Cayennepfeffer und weißem Pfeffer abschmecken.

Fenchelgemüse

1 Fenchelknolle
Butter zum Dünsten
Salz, Pfeffer aus der Mühle
Fenchelsaft, nach Belieben

Die Fenchelknolle halbieren, das Fenchelgrün abschneiden, klein schneiden und beiseitelegen. Den Fenchel in feine Streifen schneiden. In etwas Butter bei kleiner Hitze in einem Topf dünsten. Salz und Pfeffer sowie eventuell etwas Fenchelsaft hinzugeben. Den Fenchel glasig dünsten, das geschnittene Fenchelgrün hinzufügen und bei Bedarf nochmals abschmecken.

Muscheln und Seeigel

4 Stabmuscheln
8 Miesmuscheln
16 Vongole
2 frische Seeigel
1/4 Fenchelknolle
1/2 Stange Staudensellerie
1 kleine Schalotte
1 Knoblauchzehe, angestoßen
Weisswein zum Ablöschen

Die Stabmuscheln aus der Schale brechen und mit kaltem Wasser waschen. In dünne Längsstreifen schneiden.
Fenchel, Staudensellerie und Schalotte klein schneiden.
Die Miesmuscheln und die Vongole mit dem Fenchel, Staudensellerie, Knoblauch und den Schalotten in einem Topf anschwitzen, mit Weisswein ablöschen und den Topf abdecken.
Die Muscheln während 4 Minuten garen und dabei einige Male umrühren. Dann die Muscheln abgießen (den Fond gleichzeitig auffangen), aus der Schale nehmen, putzen und später im Muschelfond wieder erwärmen.
Die Seeigel mit einer Nagelschere aufschneiden und die fünf orangefarbenen »Zungen« (die Fortpflanzungsorgane der Seeigel) mit einer kleinen Pinzette herauslösen. Vorsichtig säubern und waschen.

Anrichten

Salicorne-Meeresalgen
Dillspitzen

Die Teller mit dem Muschelflan bei 60 Grad im Backofen erwärmen. Darauf das glasierte Fenchelgemüse anrichten. Die rohen Stabmuschelstreifen und die wieder erwärmten Miesmuscheln und Vongole dazu anrichten. Das Safrangelee in Würfel schneiden und auf die Teller geben. Die Sauce Rouille mit einem Spritzbeutel als Punkte auf die Teller spritzen.
Mit Salicorne-Meeresalgen und Dillspitzen dekorieren, die Stücke vom Seeigel dazugeben und mit etwas heißem Muschel-Safran-Sud angießen.

Tipp

Anstelle von frischem Seeigel kann auch eingelegter Seeigelrogen aus dem Fachhandel verwendet werden.

Rotbarbe, Tintenfisch, Fenchel und Safransauce

Safransauce

2 Schalotten
1 Stange Staudensellerie
1/4 Fenchelknolle
1 Knoblauchzehe
50 g Butter
5 cl weißer Vermouth
100 ml Riesling
500 ml Fischfond
100 ml Sahne (Rahm)
1–3 g Safrannarben, je nach gewünschter Intensität
Salz, Cayennepfeffer
Zitronensaft

Schalotten, Sellerie, Fenchel und Knoblauch klein schneiden und in der Butter farblos andünsten. Mit dem Vermouth und dem Riesling ablöschen und die Flüssigkeit auf die Hälfte reduzieren. Mit dem Fischfond aufgießen und die Flüssigkeit weiter einkochen.
Die Sahne und den Safran hinzufügen und weitere 10 Minuten köcheln. Die Sauce mit einem Stabmixer kurz anmixen und durch ein sehr feines Sieb seihen. Nochmals in den Topf geben, aufkochen und mit Salz, Cayennepfeffer und etwas Zitronensaft abschmecken.
Vor dem Anrichten die Sauce mit einem Stabmixer aufschäumen.

Gebratener Fenchel

2 Fenchelknollen
Salz
Mehl zum Bestreuen
Olivenöl zum Braten

Die Fenchelknollen putzen und in 2 cm dicke Scheiben schneiden (die Abschnitte für das Fenchelpüree aufbewahren). Die Scheiben in kochendem Salzwasser garen. Danach in Eiswasser geben, um den Garprozess zu unterbrechen. Mit einem Küchentuch trocken tupfen.
Vor dem Anrichten die Fenchelscheiben mit etwas Mehl bestreuen, in Olivenöl anbraten und salzen.

Fenchelpüree

2 Fenchelknollen
Fenchelabschnitte (aus den Vorbereitungen für den gebratenen Fenchel)
Butter zum Dünsten
Salz, Pfeffer aus der Mühle

Die Fenchelknollen und die Fenchelabschnitte klein schneiden. In etwas Butter bei mittlerer Hitze weich dünsten. Die entstandene Flüssigkeit abseihen und in einem separaten Topf reduzieren. Danach zurück zum Fenchel geben und alles glatt pürieren. Durch ein Sieb streichen, um festere Stücke zu entfernen. Mit Salz und Pfeffer abschmecken.

Sautiertes Fenchelgemüse

1 Fenchelknolle mit Fenchelgrün
Butter zum Dünsten
Salz
Gemüsebrühe, nach Belieben
Pfeffer aus der Mühle

Den Fenchel halbieren, das Fenchelgrün beiseitelegen. Den Strunk entfernen und den Fenchel fein schneiden. Nun Butter in einem Topf zerlassen, den Fenchel hinzugeben, salzen, eventuell etwas Brühe beigeben und gar dünsten.
In der Zwischenzeit das Fenchelgrün fein schneiden und kurz vor dem Anrichten hinzugeben. Mit Salz und Pfeffer abschmecken. Die Flüssigkeit sollte so weit reduziert sein, dass eine Emulsion mit der Butter entstanden ist.

Rotbarben

4 Rotbarben, ca. 200 g, geschuppt und ausgenommen
Salz
Olivenöl

Den Kopf der Rotbarben entfernen. Die Fische vorsichtig filetieren, sodass die Filets an der Schwanzflosse zusammenbleiben. Die Gräten entfernen und die Fische unter fließendem kaltem Wasser waschen, dann trocken tupfen und salzen. Die Hälften zusammenklappen und mit etwas Olivenöl in einen Beutel geben und vakuumieren. Einen Kerntemperaturmesser durch den Beutel in ein Filet stechen und im Wasserbad bei 55 Grad bis zu einer Kerntemperatur von 49 Grad garen.
Die Filets aus dem Beutel nehmen und in Stücke schneiden.

Tintenfischtuben

4 Tintenfischtuben mit Kopf
400 ml Olivenöl zum Garen
Salzzitrone
2 Thymianzweige, ganz
1 Knoblauchzehe, angequetscht

Die Tintenfischtuben putzen und waschen. Damit sie innen richtig sauber sind, zum Waschen vorsichtig umstülpen.
Das Olivenöl mit Salzzitrone, Thymian und Knoblauch aromatisieren. Die Tuben im Olivenöl bei geringer Hitze (64 Grad) garen, bis sie weich sind.

Anrichten

Dill
Fleur de Sel, nach Belieben

Das sautierte Fenchelgemüse auf Tellern anrichten und je eine gebratene Fenchelscheibe daraufsetzen. Diese mit kleinen Tupfern vom Fenchelpüree versehen und mit frischem Dill ausgarnieren. Auf dem Fenchel die Rotbarben und den Tintenfisch anrichten, nach Wunsch salzen und die aufgeschäumte Safransauce angießen.

Safran-Cheesecake, Safraneis und Orangen-Safran-Sud

Safran-Cheesecake, Safraneis und Orangen-Safran-Sud

Orangen-Safran-Sud

250 ml Buttermilch 2 Safrannarben, ganz 70 g Puderzucker 100 ml frisch gepresster Orangensaft Xanthan 50 ml Orangenöl	Die Buttermilch in ein Küchentuch oder ein Einwegpassiertuch (Vliestuch) geben und über Nacht abhängen lassen. Den Abtropffond in einer Schüssel auffangen. Den Buttermilchfond leicht erwärmen und die Safrannarben darin ziehen lassen. Den Puderzucker mit dem Fond und dem Orangensaft mischen und mit etwas Xanthan abbinden. Durch ein feines Sieb passieren. Zum Schluss vorsichtig das Orangenöl einlaufen lassen und nicht mehr rühren.

Safraneis

250 ml Sahne (Rahm) 250 ml Milch 10 Safrannarben 6 Eigelb 50 g Zucker 100 g Honig	Die Sahne und die Milch mit den Safrannarben aufkochen und 2 Stunden ziehen lassen. Das Eigelb mit dem Zucker und dem Honig schaumig rühren und die Sahne-Safran-Mischung beigeben. Auf einem heißen Wasserbad mit einem Schneebesen aufschlagen, bis eine Temperatur von 83 Grad erreicht ist (zur Rose abziehen). Danach die Masse in einer Eismaschine gefrieren.

Safran-Cheesecake

200 g Philadelphiakäse 25 ml Sahne (Rahm) 2 Eigelb 2 Eier 30 g Zucker 10 g Mehl 1 g Safrannarben, gemörsert Kokosflocken zum Wälzen	Alle Zutaten miteinander verrühren und in eine Backform geben. Die Masse im Backofen bei 90 Grad Ober- und Unterhitze stocken lassen. Wenn der Käsekuchen abgekühlt ist, alles nochmals mixen und durch ein feines Sieb streichen, um eventuell vorhandene Klümpchen zu entfernen. Die Creme in Silikonformen füllen und im Gefrierschrank gefrieren lassen. Vor dem Servieren die gefrorene Creme aus der Form lösen und auftauen lassen.

Safran-Waben-Chip

140 ml Wasser 0,1 g Safrannarben, gemörsert 120 ml Sonnenblumenöl 20 g Zucker	Das Wasser mit dem Safran aufkochen und ziehen lassen. Wenn das Wasser erkaltet ist, das Öl und den Zucker dazugeben und leicht mischen, aber nicht mixen. Es darf keine Emulsion entstehen. In einer Teflonpfanne, ohne weitere Zugabe von Fett, ausbacken. Auf Küchenpapier abtropfen lassen.

Orangengelee

500 ml frisch gepresster Orangensaft
100 g Zucker
5 g Agar Agar
5 g Gellan
Zucker und Essig zum Abschmecken

Alles zusammen aufkochen, auf ein Blech gießen und erkalten lassen. Wenn das Gelee erkaltet ist, in einen Mixer geben und fein mixen. Danach durch ein feines Sieb passieren und mit Zucker und nach Belieben mit etwas Essig abschmecken.

Baiser

3 Eiweiß
90 g Zucker
100 g Puderzucker

Das Eiweiß mit dem Zucker in der Küchenmaschine oder mit dem Handrührer aufschlagen und dann den Puderzucker vorsichtig unterheben. Die Masse in einen Spritzbeutel füllen und kleine Tupfen auf ein Backblech spritzen. Im Backofen bei 90 Grad Ober- und Unterhitze komplett trocknen lassen.

Anrichten

Atsina-Kresse

Den aufgetauten Cheesecake an allen Seiten mit Kokosflocken besteuen und auf den Teller geben. Auf dem Cheesecake erst das Safraneis, dann das Orangengelee, Baiser und den Safran-Chip anrichten und mit der Kresse dekorieren. Zum Schluss den Orangen-Safran-Sud angießen.

Wissenswertes

Xanthan, Agar Agar und Gellan sind Gelier- und Verdickungsmittel, die auch für die vegane Küche geeignet sind.

Gabriele Batlogg

»Aus den Menschen hier und den hervorragenden regionalen Produkten schöpfe ich meine kreative Energie. Exotische Zutaten mit Einheimischem zu verbinden, ist für mich eine Bereicherung.«

Gabriele Batlogg verbindet Traditionelles und Modernes

Die Kochkurse bei Gabriele Batlogg sind etwas ganz Besonderes. Nicht nur wegen der Örtlichkeit. Die Privatkochschule befindet sich im umgebauten Wirtschaftsgebäude des Maihofs in Schwyz, einem Patrizierhaus aus dem späten 17. Jahrhundert. Das Anwesen liegt idyllisch am Fuße der beiden Mythen, den markanten Felspyramiden, im Herzen der Schweiz. Dieselben Berge zieren auch das monumentale Landschaftsbild »Die Wiege der Eidgenossenschaft« von Charles Giron, das im Nationalratssaal im Bundeshaus in Bern hängt. Im romantischen Garten und den stilvoll geschmückten Räumlichkeiten von Gabriele Batlogg fühlt man sich denn auch beinahe in die Gründungszeit der Schweiz zurückversetzt.

Gabriele Batlogg will ihren Gästen nicht einfach nur das Kochen beibringen. Sie will sie zusammenführen. Und so entstehen bei ihren Kursen oft neue Freundschaften. Die gebürtige Vorarlbergerin absolvierte eine Ausbildung zur Hauswirtschafts- und Textillehrerin. Von 1974 bis 2005 war sie an den Volksschulen im Kanton Schwyz als Lehrerin tätig. Nach vielen Weiterbildungen bei Spitzenköchen und einer Zusatzausbildung als Ernährungsberaterin startete sie 1997 mit ihrer Privatkochschule. Seit 2005 ist das ihre Haupttätigkeit. Bei ihren Kochkursen bringt sie alt und neu, nah und fern zusammen. Viele der Rezepte stammen von ihrer Mutter. »Ich habe sie zum Teil an die heutige Zeit angepasst, was Klarheit und Leichtigkeit betrifft«, sagt Gabriele

Batlogg. »In meinem Kochkursprogramm, das zweimal jährlich erscheint, gibt es nie eine Wiederholung von Rezepten. Das wäre langweilig. Für mich und insbesondere für meine langjährigen Gäste.« Gabriele Batlogg setzt auf regionale Produkte und kombiniert diese auch mit fremdländischen Gerichten. So heißen ihre Kurse beispielsweise »Alpendüfte«, »Giardino Italiano«, »At the Table of Asia«, »Die Handschrift des Sultans« oder der Brotbackkurs »Mit Laib und Seele«.

Die Kurse verbindet Gabriele Batlogg auch mit Literatur. Sie hat es sich zur Gewohnheit gemacht, aus literarischen Werken vorzulesen, deren Geschichten zum Kochthema passen oder einfach aus dem Leben gegriffen sind. Am Tisch wird aber auch gefachsimpelt, philosophiert und viel gelacht. »Dadurch entsteht eine ganz spezielle Atmosphäre, eine Mischung aus Besinnlichkeit und Fröhlichkeit. Das ist für mich der Treibstoff für Kreativität«, sagt sie. »Bei meinen Kochkursen sollen sich die Gäste wohlfühlen und auch mal etwas Neues ausprobieren.«

Risotto alla milanese und Schweinefilet mit Wildkräutern

Risotto alla milanese

125 mg Safrannarben, gemörsert
150 ml fruchtiger Weißwein
2 Markbeinknochen
2 Schalotten
400 g Carnarolireis
1 l Gemüsebouillon
Salz, Pfeffer aus der Mühle
Parmesan, frisch gerieben
1 EL Butter oder 50 ml Sahne (Rahm), steif geschlagen

Die gemörserten Safrannarben mit etwas Weißwein vermischen. Die Markbeinknochen kurz in kaltes Wasser legen. Dann das Mark herausdrücken, in kleine Würfel schneiden und in einem Topf schmelzen lassen. Die Schalotten klein schneiden, in den Topf geben und andünsten. Den Reis zufügen und dünsten, bis er glasig ist. Mit dem Weißwein (einen kleinen Schuss aufheben) ablöschen und die Flüssigkeit einkochen lassen. Danach den eingeweichten Safran mit einem Drittel der Bouillon zugeben. Rühren, bis die Flüssigkeit fast verdampft ist. Nach und nach die restliche Gemüsebouillon dazugießen und bei schwacher Hitze und unter ständigem Rühren garen, bis der Reis al dente ist.

Den Risotto mit Salz und Pfeffer abschmecken, etwas frisch geriebenen Parmesan und den restlichen Weißwein zugeben. Zum Schluss die Butter oder den geschlagenen Rahm untermischen.

Schweinefilet

1 Filet vom Schwein
Salz, Pfeffer aus der Mühle
je 2 Zweige wilder Thymian und Scharbockskraut, fein gehackt
2 junge Löwenzahnblätter, fein gehackt
50 g Alpkäse, klein gewürfelt
100 g Wildpilze, wie Pfifferlinge (Eierschwämmchen) oder Steinpilze, klein geschnitten
6 Scheiben Rohschinken
Olivenöl zum Braten

Den Backofen auf 200 Grad Ober- und Unterhitze vorheizen. Das Schweinefilet der Länge nach etwa 1½ cm tief einschneiden und mit Salz und Pfeffer würzen. Für die Füllung die Wildkräuter, den Käse und die Pilze gut mischen und würzen.

Den Rohschinken dachziegelförmig auf einer Klarsichtfolie auslegen und die Füllung darauf verteilen. Das Ganze mithilfe der Folie zu einer Rolle formen und diese in den Einschnitt des Filets legen. Das Fleisch quer zum Einschnitt mit Zahnstochern fixieren. Dann die Zahnstocher mit Küchenschnur kreuzweise umwickeln, wie beim Schnüren eines Bergschuhs. Die Öffnung ist nun gut verschlossen.

Das Fleisch von allen Seiten in etwas Olivenöl kurz anbraten. Danach im vorgeheizten Ofen rund 20 Minuten garen. Das Fleisch aus dem Ofen nehmen und 5 Minuten zugedeckt ruhen lassen.

Anrichten

4 Markknochen, ausgekocht
4 Sträußchen Wildkräuter

Den Risotto auf Teller geben. Das Schweinefilet in Scheiben schneiden und auf dem Risotto in der Mitte des Tellers anrichten. Die ausgekochten Markbeinknochen mit einem Sträußchen Wildkräuter füllen und als Dekoration auf den Teller legen.

Tipp

Die besten Reissorten für Risotto sind Carnaroli, Vialone und Arborio.
Die Füllung für das Filet nach Belieben anpassen. Sehr gut schmeckt sie mit Kräutern wie Rosmarin, Thymian, Salbei oder Petersilie.

Wissenswertes

Die heutige Zubereitungsart und der Name Risotto alla milanese stammen aus dem 19. Jahrhundert. Das Kochbuch *La scienza in cucina e l'arte di mangiar bene* von Pellegrino Artusi aus dem Jahre 1891 enthält drei unterschiedliche Rezepte für den Risotto alla milanese. Die traditionelle Zubereitungsart mit Rindermark ist eine davon.

Orientalischer Couscous

Gemüse

2 Karotten, in 2 cm große Stücke geschnitten
2 mittlere Pastinaken, in 1,5 cm große Stücke geschnitten
6 Schalotten, halbiert
1 Zimtstange
3 Sternanise
3 Lorbeerblätter
1 EL frisch geriebener Ingwer
2 Prisen gemahlene Kurkuma
rosenscharfes Paprikapulver
1/2–1 rote Chilischote, gehackt
Salz
4 EL Olivenöl
300 g Süßkartoffeln, in 1,5 cm große Stücke geschnitten
100 g getrocknete Aprikosen, in Streifen geschnitten
1 Dose Kichererbsen
2 unbehandelte Zitronen, abgeriebene Schale
25 g Harissa
Pfeffer aus der Mühle

Den Backofen auf 190 Grad Ober- und Unterhitze vorheizen. Die Karotten, Pastinaken und Schalotten in eine Gratinform geben und mit den Gewürzen, der Chilischote, ¾ Teelöffel Salz und dem Olivenöl mischen. Im vorgeheizten Ofen etwa 20 Minuten garen.
Die Süßkartoffeln, Aprikosen und die Kichererbsen inklusive der Flüssigkeit zum vorgegarten Gemüse geben. Mit Zitronenschale, Harissa, Salz und Pfeffer abschmecken und nochmals etwa 20 Minuten fertig schmoren.

Couscous

1 gute Prise Safrannarben, gemörsert
170 g Couscous-Grieß
260 ml kochend heiße Gemüsebouillon
1 EL Butter
1 EL Olivenöl

Die gemörserten Safrannarben mit wenig Wasser mischen. Den Couscous-Grieß in eine Schüssel geben, das Safranwasser und die kochend heiße Gemüsebouillon darübergießen. Zudecken und 5–10 Minuten quellen lassen. Danach die Butter und das Olivenöl beifügen. Abschmecken, mit einer Gabel alles gut mischen und lockern.

Topping

8 Safrannarben 1 Becher griechischer Naturjoghurt 1 Prise Salz	Den Safran leicht mörsern, den Joghurt zugeben, salzen und alles gut mischen.

Anrichten

Granatapfelkerne Dattelsirup	Den Couscous in die Mitte des Tellers geben und das Gemüse darauf anrichten. Zum Schluss das Topping auf das Gemüse geben und ein paar Granatapfelkerne darüberstreuen. Einige Tropfen Dattelsirup geben dem Gericht eine zusätzliche orientalische Note.

Tipp

Anstelle von Süßkartoffeln passt auch Kürbis hervorragend in dieses Gericht.

Wissenswertes

Harissa ist eine scharfe Würzpaste oder Gewürzmischung aus dem Maghreb. Ihre Hauptbestandteile sind Chili, Kreuzkümmel, Koriandersamen, Knoblauch, Salz und Olivenöl.

Paella mit Kaninchen und Huhn

Paella

0,2 g Safrannarben, gemörsert
600 ml Gemüsebouillon
2 Hühnerschenkel
500 g Kaninchenragoutstücke
50 ml Olivenöl
1/2 rote Paprikaschote, in Streifen geschnitten
1 Schalotte, fein gehackt
2 Knoblauchzehen, fein gehackt
2 reife Tomaten, in Würfel geschnitten
300 g Reis (Bomba oder Carnaroli)
100 g grüne Bohnen, in 1 cm lange Stücke geschnitten
Salz, Pfeffer aus der Mühle

Den Safran in die Bouillon geben. Die Hühnerschenkel im Gelenk halbieren und zusammen mit den Kaninchenstücken rundum in etwas Olivenöl goldbraun anbraten. Das Fleisch aus der Pfanne nehmen und beiseitestellen.
Den Backofen auf 180 Grad Ober- und Unterhitze vorheizen.
Die Paprikastreifen in Olivenöl bei mittlerer Hitze etwa 10 Minuten dünsten. Dann die Schalotte und den Knoblauch zugeben und kurz mitdünsten. Die Tomaten und den Reis beifügen und 1 Minute unter Rühren weiterdünsten. Alles mit der Safran-Bouillon aufgießen und die Fleischstücke beifügen.
Die Pfanne in den vorgeheizten Ofen stellen und die Paella etwa 35 Minuten garen. 15 Minuten vor Ende der Garzeit die Bohnen untermischen und die Paella mit Salz und Pfeffer abschmecken.

Anrichten

1/2 Bund Petersilie, gehackt
frischer Dill, gehackt

Die Paella aus dem Ofen nehmen und mit frisch gehackter Petersilie und dem Dill bestreuen. Das Gericht am Tisch auf die Teller verteilen.

Wissenswertes

Die Reissorte Bomba wird vor allem in den spanischen Regionen Valencia und Murcia angebaut. Traditionell wird für Paella diese Reissorte verwendet.

Indische Safrancreme

Safrancreme

125 mg Safrannarben, gemörsert
400 g Halbfettquark
180 g griechischer Joghurt
4–6 EL Zucker
2 Prisen geriebene Muskatnuss
¾ TL Kardamompulver
1–2 Pfirsiche, in kleine Würfel geschnitten
150 g Beeren, wie Himbeeren, Erdbeeren usw.
¼ Ananas

Den Safran mit Quark, Joghurt und dem Zucker mischen. Die Gewürze mit der Creme verrühren. Die Pfirsichwürfel und die Beeren unter die Creme ziehen. Kurz vor dem Servieren die Ananas in kleine Würfel schneiden und unter die Creme mischen.

Anrichten

Pistazien, gehackt
Himbeeren
Blüten

Die Creme in Gläser oder Schälchen füllen, die gehackten Pistazien darüberstreuen und mit Himbeeren und den Blüten garnieren.

Tipp

Ananas enthält ein Enzym, welches das Eiweiß spaltet. Lässt man die Creme mit der Ananas längere Zeit stehen, wird sie daher leicht bitter. Deshalb die Ananaswürfel erst kurz vor dem Servieren unter die Creme mischen.

Safran-Butterzopf

Safran-Butterzopf

125 mg Safrannarben, gemörsert
300 ml lauwarme Milch
500 g helles Weizen- oder Urdinkelmehl
1½ TL Salz
1 EL Zucker
12 g frische Hefe, zerbröckelt
70 g weiche Butter
Eigelb zum Bestreichen

Den Safran in die lauwarme Milch geben. Das Mehl mit dem Salz und dem Zucker in einer Schüssel mischen und die Hefe beifügen. Danach die Butter und die Safran-Milch zugeben und alles 10 Minuten zu einem geschmeidigen Teig kneten. Den Teig zu einer Kugel formen, luftdicht abdecken und bei Zimmertemperatur 2–3 Stunden auf das Doppelte aufgehen lassen. Danach den Teig zu drei oder mehr Strängen drehen und diese zum Zopf flechten. Den Zopf (Striezel) auf ein mit Backpapier belegtes Blech legen und 15 Minuten in den Kühlschrank stellen.

Den Backofen auf 200 Grad Ober- und Unterhitze vorheizen. Den Zopf aus dem Kühlschrank nehmen und mit Eigelb bestreichen. 25–35 Minuten in der Mitte des vorgeheizten Ofens backen, bis er goldbraun ist.

Tipp

Den Zopfteig zum Aufgehen in den Backofen stellen und nur das Backofenlicht einschalten. So geht der Teig bei ganz leichter Wärme und ohne Zugluft wunderbar auf.

Wissenswertes

Der Butterzopf ist ein Hefegebäck und im Unterschied zum Hefezopf nicht süß. Er kommt hauptsächlich in der Schweiz, in Österreich und im süddeutschen Raum vor.

Max Stiegl

»Das Burgenland und der Neusiedlersee sind für mich Heimat und Wirkungsstätte. Hier kann ich tun, was ich liebe, und andere für längst vergessene Gerichte begeistern.«

Max Stiegl: »From nose to tail« – aus Respekt zum Tier

»Ein traditionell burgenländisches Wirtshaus«, nennt Max Stiegl das »Gut Purbach«, in dem er seit 2007 äußerst erfolgreich kocht. Damit meint er nichts anderes, als dass in seiner Küche alles von Grund auf selbst zubereitet wird. Wie früher. Die Fonds, Suppen und Saucen werden täglich frisch angesetzt, am Morgen wird Brot gebacken, und der Gast kann nicht nur zwischen Braten, Schnitzel und Filet wählen. Hier bekommt er auch Stücke vom Tier, die eher in Vergessenheit geraten sind. Heute nennt man das »nose to tail«. Dabei wird möglichst alles vom Tier verwertet. Bei Stiegl ist diese Art zu kochen seit jeher ganz natürlich.

Geboren ist Zaljko Raskovic, wie Max Stiegl bürgerlich heißt, 1980 in der slowenischen Hafenstadt Koper. Im Alter von sechs Jahren zog er mit seinen Eltern nach Salzburg um. Dort erlernte er auch das Kochhandwerk. Die Kochlehre absolvierte er im Gasthof Abfalter in Golling. Sein damaliger Chef nannte ihn der Einfachheit halber Max, ergänzt durch – zu Ehren seines Lieblingsbiers der Stieglbrauerei zu Salzburg – Stiegl. Max Stiegl hat sich während der Ausbildung so an seinen neuen Namen gewöhnt, dass er ihn gleich als »Künstlernamen« behielt.

Nach der Lehrzeit folgten Stationen bei Adolfo Muñoz in Toledo und bei Alfons Schuhbeck in München. Zurück in Österreich, kochte Max Stiegl im Restaurant Inamera in Rust. Mit großem Erfolg, wie sich bald zeigte. Seine

Kochkünste begeisterten die Tester so sehr, dass er mit einundzwanzig Jahren als jüngster Koch der Welt einen Michelin-Stern erhielt. Vom Burgenland zog es ihn nach Wien ins Restaurant Mezzo. Einer der Stammgäste, der Wiener Anwalt Dr. Hans Bichler, hatte kurz zuvor ein altes Weingut in Purbach gekauft und stilvoll restaurieren lassen. Begeistert von Stiegls Kochkünsten, bot er ihm 2007 das Haus an, das in Gut Purbach umbenannt wurde.

Heute ist das Restaurant eine der besten Adressen im Burgenland. In der Küche mischen sich die französische Kochkunst mit der burgenländischen Tradition. Die Zutaten stammen, wann immer möglich, aus der Region, der Fisch aus dem Neusiedlersee, das Wild vom Leithaberg und das Lamm aus der eigenen Zucht. Kräuter und Pilze sammelt Max Stiegl selber. Obwohl man bei ihm auch Schnitzel und Rostbraten essen kann, ist das »Gut Purbach« für seine Innereien-Küche weithin bekannt. Als der damals jüngste Michelin-Sternekoch den Gutshof übernahm, hatte er beschränkte finanzielle Möglichkeiten. »Also verwertete ich alles«, erklärt er. »Mein Ziel war es, Köstlichkeiten aus Zutaten zu kochen, die sonst keiner haben will.« Mit Erfolg. Längst ist Max Stiegl regelmäßig in Kochshows zu Gast. Und Gerichte wie Ziegenzungen, Lammnieren oder Huhn in der Schweinsblase gegart, zählen im »Gut Purbach« zu den begehrten Gerichten. »Alles, was ich hier mache, war früher ganz selbstverständlich«, sagt Max Stiegl, »aus Respekt zum Tier!«

Pferdezunge mit Safran und Selleriepüree

Pferdezunge

1 l Weißwein
1 l Wasser
1 TL Salz
1 EL Honig
10 Safrannarben
1 Pferdezunge
2 Karotten, in grobe Stücke geschitten
½ Knollensellerie, in grobe Stücke geschnitten
3 Wacholderbeeren, zerdrückt
3 Lorbeerblätter
1 dünne Scheibe Ingwer
1 EL Butter
Pernod

Den Weißwein mit Wasser, Salz, Honig und dem Safran aufkochen. Die Zunge und das Gemüse sowie die restlichen Gewürze beigeben. Aufkochen lassen und die Zunge bei mittlerer Hitze bissfest kochen (je nach Gewicht 2–3 Stunden). Danach die Zunge in kaltem Wasser abschrecken und die äußere Haut abziehen.
Den Fond durch ein Sieb gießen, wieder auf den Herd stellen und weiterköcheln lassen, bis die Flüssigkeit auf die Hälfte reduziert ist. Die Zunge wieder in den Fond geben und den Fond nochmals etwas reduzieren. Den Fond mit der Butter und einem Schuss Pernod verfeinern. Die Zunge erst kurz vor dem Anrichten in dünne Scheiben schneiden.

Selleriepüree

1 Knollensellerie, in Würfel geschnitten
125 ml Weißwein
3 EL kalte Butterflocken
1 Prise Salz
1 Prise weißer Pfeffer aus der Mühle

Den Sellerie im Weißwein bei 140 Grad Ober- und Unterhitze etwa 30 Minuten in einer Kasserolle im Backofen schmoren, bis er zerfällt. Dann den Sellerie pürieren. Die kalten Butterflocken unter ständigem Rühren mit dem Schneebesen unterziehen, um das Püree sämiger zu machen. Dann durch ein Sieb passieren. Mit Salz und Pfeffer abschmecken und bei niedriger Hitze warm halten.

Anrichten

Frische Kräuter, wie Zitronenthymian, Kerbel usw.

Das Selleriepüree zu einer Nocke formen und auf einen Teller geben. Die geschnittene Zunge daneben anrichten und etwas Fond über die Zunge geben. Mit den frischen Kräutern ausgarnieren.

Tipp

Sehr gut schmeckt dieses Gericht auch mit Lammzunge.

Kapaun mit Seewinkler Reis und Safran

Kapaun mit Seewinkler Reis und Safran

12 Safrannarben
2 EL Bratbutter
1 Kapaun, ca. 1,2 kg
Sieben-Gewürze-Mischung (Seven Spice)
Salz
500 ml Hühnerbrühe
2 EL Pistazienkerne
200 g Seewinkler Reis oder anderer Langkornreis
1 EL Pinienkerne
1 EL Mandelstifte

Den Safran in 6 Esslöffeln Wasser einweichen. Die Pistazienkerne 21 Minuten bei 62 Grad Ober- und Unterhitze im Ofen rösten. Danach in einem Mörser zerstoßen. 1 Esslöffel Bratbutter in einem Topf erhitzen und den Kapaun darin von allen Seiten anbraten. Würzen und aus dem Topf nehmen.
Den Bratensatz mit der Hühnerbrühe aufgießen. 1 Esslöffel Bratbutter, die Pistazien und den Seewinkler Reis dazugeben. Den Reis köcheln lassen, bis er gar ist. Zum Schluss den eingeweichten Safran mit dem Wasser zum Reis geben und nicht mehr umrühren. Den Reis auskühlen lassen.
Die Pinienkerne und die Mandelstifte anrösten und unter den Reis mischen. Bei Bedarf nachwürzen.
Den Kapaun in einem Schmortopf im Ofen bei 160 Grad Ober- und Unterhitze rund 45 Minuten garen. Dann aus dem Ofen nehmen und den Kapaun mit dem Reis füllen.

Anrichten

Den Kapaun auf einer Platte servieren. Am Tisch tranchieren und auf Tellern anrichten.

Wissenswertes

Die Sieben-Gewürze-Mischung, auch »Seven Spice« oder »Baharat« genannt, kommt oft in der arabischen Küche vor. Die verwendeten Gewürze sind regional unterschiedlich. Pfeffer, Koriander, Nelken, Kreuzkümmel, Kardamom, Muskat und Zimt zählen zu den Hauptbestandteilen dieser Gewürzmischung.

Halászlé - Pannonische Fischsuppe

Fischfond

- Karkassen von 1 Zander
- ½ Knollensellerie, in Würfel geschnitten
- 3 Karotten, in Würfel geschnitten
- 2 Schalotten, in Würfel geschnitten
- 2 Lorbeerblätter
- 1 TL weiße Pfefferkörner
- 15 g frischer Ingwer, in Scheiben geschnitten
- 1 l Weißwein
- 2 l Wasser

Die Fischkarkassen gut waschen und mit dem Gemüse und den Gewürzen mischen. Den Wein und das Wasser zugeben und einmal kurz aufkochen. Bei geringer Hitze 1 Stunde ziehen lassen, dann durch ein Sieb gießen.

Fischsuppe

- 4 Scheiben Mangalitza-Speck, in Würfel geschnitten
- 2 rote Spitzpaprika, in Würfel geschnitten
- 100 g frischer Ingwer, fein geschnitten
- 2 Schalotten, gehackt
- 10 Safrannarben
- 1 EL Currypulver
- 1 EL Kurkumapulver
- 2 TL edelsüßes Paprikapulver
- 1 EL Tomatenmarmelade
- 1½ l Fischfond (siehe oben)
- 4 cl Pernod
- 4 EL kalte Butterflocken

Speck, Spitzpaprika, Ingwer und Schalotten in einem Topf anschwitzen, dann den Safran dazugeben und langsam rösten. Die restlichen Gewürze hinzufügen und nochmals etwas rösten, dann die Tomatenmarmelade beigeben. Mit dem Fischfond aufgießen und köcheln lassen. Zum Schluss den Pernod in die Suppe geben, alles gut verrühren und abpassieren.

Suppen-Einlage

- 200 g Zander, in mittelgroße Stücke geschnitten
- 2 EL klein geschnittener Fenchel
- 4 getrocknete Tomaten, klein geschnitten
- 2 EL Belugalinsen, vorgekocht
- 1 EL Mangalitza-Speck, in Würfel geschnitten und geröstet

Alle Zutaten für die Einlage in der Fischsuppe einmal aufkochen lassen und dann die Suppe durch ein Sieb gießen. Vor dem Servieren die kalten Butterflocken unter ständigem Rühren mit dem Schneebesen unterziehen, um die Suppe sämiger zu machen. Nicht mehr kochen lassen!

Anrichten

Die Suppen-Einlage in Schälchen verteilen und die Suppe darübergießen.

Tipp

Anstelle von Zander kann auch Wels oder Hecht verwendet werden. Als Ersatz für die Tomatenmarmelade eignet sich auch Ketchup.

Klingenbacher Cremeschnitte

Blätterteig

600 g Mehl
200 ml Wasser
10 g Salz
500 g Butter

500 g Mehl, Salz und das Wasser 2–3 Minuten zu einem glatten Teig kneten. Den Teig in Klarsichtfolie wickeln und 15 Minuten im Kühlschrank ruhen lassen.
Die Butter in grobe Würfel schneiden und mit 100 g Mehl gut verkneten. Auf einem Backpapier zu einem Rechteck von 20 x 15 cm formen und dieses 10 Minuten kühl stellen.
Den Teig zu einem etwas mehr als doppelt so großen Rechteck wie das Butter-Rechteck ausrollen. Das Butter-Rechteck in die Mitte des Teigs legen. Der Teig und das Butter-Rechteck sollten ungefähr die gleiche Konsistenz haben, das Butter-Rechteck darf weder zu weich noch zu hart sein.
Den Teig von links und von rechts über das Butter-Rechteck schlagen und der Länge nach ausrollen. Den Teig erneut von links und von rechts, wie ein Handtuch, in die Mitte schlagen. Nun wird der Teig in die andere Richtung ausgerollt und wieder zur Mitte eingeschlagen. Den Teig in Klarsichtfolie wickeln und 2 Stunden im Kühlschrank erkalten lassen.
Danach den Teig erneut mehrmals ausrollen und einschlagen und nochmals 1 Stunde kalt stellen.
Den Backofen auf 220 Grad Ober- und Unterhitze vorheizen. Den Teig ausrollen, auf ein Blech mit Backpapier legen und mit einer Gabel dicht einstechen. In der unteren Hälfte des vorgeheizten Ofens etwa 12 Minuten backen.

Vanillecreme

8 Safrannarben
250 ml Milch
30 g Maisstärke
2 Blatt Gelatine
80 g Feinkristallzucker
2 Vanilleschoten, Mark ausgekratzt
2 Eigelb
250 ml Sahne (Rahm)
2 Eiweiß

Den Safran in 200 ml Milch über Nacht zugedeckt im Kühlschrank ziehen lassen.
Das Maizena in 50 ml Milch glatt rühren. Die Gelatine in kaltem Wasser einweichen.
Die Safran-Milch, 60 g Zucker und das Vanillemark aufkochen. Die Maizenamischung, das Eigelb und die ausgedrückte Gelatine beifügen und gut mischen. Die Masse nicht mehr aufkochen und unter ständigem Rühren auskühlen lassen.
Die Sahne halb aufschlagen. Das Eiweiß und 20 g Zucker zu Schnee schlagen. Den Eischnee und die Sahne vorsichtig unter die handwarme Masse heben, dann ganz auskühlen lassen.

Anrichten

Staubzucker
Apfelspalten
Safrannarben

Den ausgekühlten Blätterteig portionieren und mit der Vanillemasse abwechselnd zu einem Turm schichten. Mit Staubzucker bestreuen, mit Äpfeln und Safrannarben ausgarnieren.

Wissenswertes

Das wiederholte Falten und Ausrollen von Blätterteig nennt man Tourieren. Man bearbeitet den Teig in mehreren Touren und arbeitet so die Butter schichtweise in den Teig ein.

Safran-Milchreis

Safran-Milchreis

500 ml Kokosmilch
200 ml Milch
1 Vanilleschote, das Mark ausgekratzt
8 Safrannarben
1 Prise Salz
250 g Basmatireis
Safrannarben zum Garnieren

Kokosmilch, Milch, Vanillemark, Safrannarben sowie Salz in einem Topf vermengen und aufkochen lassen. Anschließend den Reis hinzufügen und alles nochmals aufkochen. Bei schwacher Hitze etwa 16 Minuten garen, bis der Reis weich ist. Zwischendurch immer wieder umrühren, damit nichts anbrennt.
Den Milchreis in Schälchen füllen und mit ein paar Safrannarben garnieren.

Tipp

Köstlich schmeckt dieser Milchreis auch mit frischen Beeren und Ahornsirup.

Tino Zimmermann

»Die Vielfalt der kulinarischen Erzeugnisse aus der Surselva und der direkte Kontakt zu den innovativen Produzenten beflügeln mich immer wieder aufs Neue. Ich bin glücklich, hier zu arbeiten und zu leben.«

Tino Zimmermann – Regionales mit viel Liebe zum Detail

Manch einer hat die Ortschaft, in der Tino Zimmermann kocht, schon umbenannt – von Schnaus zu Schmaus. Das nämlich erwartet einen in diesem wunderschönen Bündnerhaus. Kurzfristig zur Verpflegungsstätte umfunktioniert, wurde die »Stiva Veglia« – was auf Rätoromanisch »alte Stube« heißt – bereits kurz nach der Erbauung 1761. Im wortwörtlichen Sinne, wenn auch unfreiwillig. Als die Truppen des russischen Generals Alexander Suworow bei der Alpenüberquerung in Schnaus haltmachten, bemächtigten sie sich der im Dorf-Backofen gebackenen Brote, die vor dem damaligen Doppeleinfamilienhaus lagen – und verfütterten sie unter anderem auch an ihre Pferde.

Seit 2010 führen Tino und Cornelia Zimmermann die »Stiva Veglia«. Tino Zimmermann stammt aus dem zürcherischen Flaach. Die Kochlehre absolvierte er in der Küche des Direktionsrestaurants des Schweizerischen Bankvereins in Zürich, der heutigen UBS. Danach folgten die Wanderjahre mit diversen Stationen, wie dem »Teufelhof« in Basel, »Jöhri's Talvo« in Champfèr, beim Rückversicherer Swiss RE in Rüschlikon, dem »Fidazerhof« in Fidaz oder dem Restaurant Opera in Zürich. Im Herbst 2010 übernahm er gemeinsam mit seiner Frau Cornelia das Restaurant in Schnaus. Seither ist die »alte Stube« zu den hundert besten Restaurants der Schweiz aufgestiegen. 2012 erhielt die »Stiva Veglia« 15 Punkte vom Gault Millau und die Auszeichnung »Entdeckung des Jahres«.

Die »Stiva Veglia« könnte die gesamte Anzahl Einwohner des idyllisch gelegenen Dorfes Schnaus an einem Wochenende ohne Probleme verköstigen. Nur etwa 125 Personen leben in der Ortschaft, die sich etwas erhöht rund zwei Kilometer von Ilanz entfernt befindet. Bei den Produkten setzt Tino Zimmermann fast ausschließlich auf Lokales und Regionales. Hummer, Kaviar oder Entenleber gibt es bei ihm nicht. Dafür den Berg-Saibling aus dem Val Lumnezia, Käsespezialitäten aus Brigels oder Albula-Bergkartoffeln. »Mir ist es wichtig, dass ich die Produzenten kenne und mich mit ihnen austauschen kann«, sagt er. »Dadurch entsteht in der Küche die viel bessere Symbiose aus all den hervorragenden Zutaten.« Zu Zimmermanns Spezialitäten zählen beispielsweise das »Schnauser 45-Minuten-Ei« und stimmungsvolles Essvergnügen im lauschigen Obstgarten. Bei Letzterem bereiten Tino Zimmermann und sein Team vor den Augen der Gäste Köstlichkeiten auf dem Feuerring zu. Die »Stiva Veglia« steht für gelebte Gastfreundschaft. Ein kleines und sehr motiviertes Team verwöhnt die Besucher in den gemütlichen Bündnerstuben oder auf der Terrasse. Die Gäste kommen aus der ganzen Schweiz und aus dem Ausland. Viele verbringen ihren Urlaub in den Tourismusorten Flims, Laax und Falera. Und sie kommen immer wieder. Das Motto der »Stiva Veglia« lautet denn auch: »Wir haben dann alles richtig gemacht, wenn uns die Gäste mit einem Lächeln verlassen und mit Freude wiederkommen.«

Lauwarme Alpenhuhnbrust mit Safran-Sauerrahm

Alpenhuhnbrust

200 g Alpenhuhnbrust
Salz, Pfeffer aus der Mühle
Olivenöl und Fleur de Sel zum Marinieren

Die Haut von der Hühnerbrust entfernen. Die Brust mit Salz und Pfeffer würzen und satt in Klarsichtfolie einrollen. Anschließend straff in Alufolie einwickeln und zu einer Rolle formen. Im Dampf oder in einem Topf mit Wasser bei 80 Grad garen, bis die Kerntemperatur von 65 Grad erreicht ist. Herausnehmen und etwas ruhen lassen.

Safran-Sauerrahm

8–10 Safrannarben, gemörsert
100 g Brigelser Sauerrahm, ersatzweise Crème fraîche
Salz, Pfeffer aus der Mühle
1 Prise Zucker

Die Safrannarben mit dem Sauerrahm mischen. Mit Salz, Pfeffer und Zucker abschmecken.

Kartoffel-Chips

1 Kartoffel (Ditta oder andere festkochende Sorte)
Öl zum Frittieren
Fleur de Sel

Die Kartoffel der Länge nach fein hobeln und kurz in kaltes Wasser einlegen. Aus dem Wasser nehmen, gut trocken tupfen und in Öl bei 170 Grad goldgelb frittieren. Mit Fleur de Sel würzen.

Kräutersalat

4 EL Olivenöl
1½ EL Chardonnayessig
1½ EL Gemüsefond
Salz, Pfeffer aus der Mühle
Zucker
Salatblätter und frische Kräuter, wie Feldsalat, Rote-Bete-Blätter, Friséesalat, Kerbel, italienische Petersilie usw.

Das Olivenöl mit dem Essig und dem Gemüsefond mischen und mit etwas Salz, Pfeffer und Zucker abschmecken. Den Salat und die Kräuter erst kurz vor dem Anrichten damit marinieren.

Anrichten

Die Alpenhuhnbrust aus der Folie nehmen und in etwa 1 cm dicke Scheiben schneiden. Mit etwas Olivenöl und Fleur de Sel marinieren. Lauwarm auf Tellern anrichten. Die Salatblätter und die Kräuter mit dem Dressing marinieren und zusammen mit dem Safran-Sauerrahm und den Kartoffel-Chips ausgarnieren.

Tipp

Als Geflügel eignet sich sehr gut auch eine Hühnerbrust von der Maispoularde oder vom Perlhuhn in Bioqualität.

Temperiertes Saiblingsfilet mit Verjus-Safran-Sauce, Gerste und Kerbelwurzel

Temperiertes Saiblingsfilet mit Verjus-Safran-Sauce, Gerste und Kerbelwurzel

Gerstenragout

100 g feine Rollgerste Salz 80 g Gemüsewürfel, wie Karotte, Sellerie, Lauch Butter zum Dünsten 100 ml Gemüsefond 40 ml Sahne (Rahm), steif geschlagen	Die Rollgerste in Salzwasser weich kochen und abschütten. Die Gemüsewürfel in Butter weich dünsten und anschließend die gekochte Gerste dazugeben. Mit dem Gemüsefond auffüllen und köcheln lassen, bis eine leichte Bindung entsteht. Abschmecken.

Verjus-Safran-Sauce

20 g Schalotte, fein gehackt Olivenöl zum Dünsten 50 ml Verjus 50 ml Gemüsefond 100 ml Sahne (Rahm) 6 Safrannarben Salz	Die Schalotte in Olivenöl andünsten. Mit dem Verjus ablöschen, etwas reduzieren, den Gemüsefond beigeben und nochmals etwas köcheln lassen. Am Schluss die Sahne dazugeben und die Sauce bis zur gewünschten Konsistenz einkochen. Die Sauce durch ein feines Sieb passieren, die Safrannarben dazugeben und mit Salz abschmecken. Vor dem Servieren nochmals aufkochen.

Kerbelwurzel

200 g Kerbelwurzel Salz, Pfeffer aus der Mühle Olivenöl	Den Backofen auf 170 Grad Ober- und Unterhitze vorheizen. Die Kerbelwurzel schälen, leicht mit Salz und Pfeffer würzen. Mit etwas Olivenöl in Alufolie einwickeln und im vorgeheizten Ofen etwa 20 Minuten garen.

Kerbelwurzel-Chips

100 g Kerbelwurzel Öl zum Frittieren (z. B. Sonnenblumenöl) Fleur de Sel	Die Kerbelwurzel schälen, der Länge nach fein schneiden und kurz in kaltes Wasser einlegen. Trocken tupfen und in Öl bei 170 Grad frittieren. Auf einem Küchenpapier abtropfen lassen und leicht mit Fleur de Sel würzen.

Karottenröllchen

100 g Karotten Olivenöl Fleur de Sel weißer Balsamicoessig	Die Karotten der Länge nach mit dem Sparschäler in Streifen schneiden. Mit Olivenöl, Fleur de Sel und Balsamico etwa ½ Stunde marinieren und anschließend einrollen.

Temperierte Saiblingsfilets aus dem Val Lumnezia

4 Saiblingsfilets à ca. 90 g
Olivenöl
Salz, weißer Pfeffer aus der Mühle
Sonnenblumenöl

Den Backofen auf 70 Grad Ober- und Unterhitze vorheizen.
Die Haut der Saiblingsfilets entfernen und beiseitelegen. Einen flachen Teller mit reichlich Olivenöl bestreichen. Die Fischfilets halbieren, mit Salz und weißem Pfeffer würzen. Die Fischfilets auf den Teller legen und nochmals mit Olivenöl bestreichen. Mit ofenfester Klarsichtfolie abdecken und im vorgeheizten Ofen etwa 15 Minuten garen, bis der Fisch glasig ist.
Die Fischhaut wässern, trocken tupfen und mit Sonnenblumenöl bestreichen. Zwischen zwei Lagen Backpapier auf ein Backblech legen und mit einem zweiten Blech beschweren.
Im vorgeheizten Ofen bei 140 Grad Ober- und Unterhitze etwa 20 Minuten backen.

Anrichten

Frische Gartenkräuter

Das Gerstenragout erwärmen und die Schlagsahne unterziehen. In die Mitte des Tellers geben und das Fischfilet darauf anrichten. Frische Kräuter, Kerbelwurzel und Karottenröllchen um den Fisch auf den Teller legen. Die Sauce mit dem Mixer aufschäumen und etwas davon zum Fischfilet geben. Die restliche Sauce separat servieren. Das Gericht mit der knusprigen Fischhaut und den Kerbelwurzel-Chips ausgarnieren.

Wissenswertes

Kerbelwurzeln gehören zu den vergessenen Gemüsesorten.
Im Geschmack erinnern sie an Maronen und Kartoffeln.
Die Kerbelrübe *(Chaerophyllum bulbosum)* wird auch Knollenkerbel, Kerbelrüben, Rübenkerbel, Erdkastanie oder Knolliger Kälberkropf genannt.
Verjus ist der Saft von unreifen Trauben. Nach dem Pressen entsteht ein säuerlicher Saft, frei von Konservierungsmitteln und Zusatzstoffen, der in der modernen Küche anstelle von Zitronensaft oder Essig Verwendung findet. Die Säure ist milder als die von Essig, das Aroma vielfältiger und feiner als jenes des Zitronensafts.

Terrine von der Bergkartoffel mit Safran und Tschagrun

Terrine von der Bergkartoffel

250 g Bergkartoffeln Early Rose, ersatzweise eine andere leicht mehligkochende Sorte
Salz
1 Ei
1 Eigelb
50 g weiche Butter
50 ml Crème double (Doppelrahm)
4 Safrannarben, mit wenig Olivenöl gemörsert
Pfeffer aus der Mühle
frisch geriebene Muskatnuss
Olivenöl zum Braten

Die Kartoffeln in leicht gesalzenem Wasser weich kochen und abgießen. Etwas ausdämpfen lassen und heiß durchs Passevite (Flotte Lotte) drehen. Das Ei, das Eigelb und die weiche Butter beigeben und alles gut verrühren. Zum Schluss die Crème double und den Safran beigeben und die Masse mit Salz, Pfeffer und Muskat abschmecken.
Den Backofen auf 160 Grad Ober- und Unterhitze vorheizen. Eine Terrinenform mit Klarsichtfolie auslegen und die Kartoffelmasse einfüllen. In einem Wasserbad im vorgeheizten Ofen etwa 20 Minuten pochieren. Aus dem Wasserbad nehmen und in der Form auskühlen lassen.

Tschagrun aus Morissen

200 g Tschagrun (Kuhmilch-Frischkäse), ersatzweise Ziegenfrischkäse
Fleur de Sel
Pfeffer aus der Mühle
Olivenöl

Den Frischkäse mit Fleur de Sel, Pfeffer und Olivenöl marinieren und in kleine Stücke schneiden.

Geschmorte Petersilienwurzel

150 g Petersilienwurzel
Salz, Pfeffer aus der Mühle
Zucker
Olivenöl

Den Backofen auf 170 Grad Ober- und Unterhitze vorheizen. Die Petersilienwurzeln gut waschen und schälen. Mit Salz, Pfeffer, Zucker und wenig Olivenöl würzen und in Alufolie einpacken. Im vorgeheizten Ofen etwa 20 Minuten garen.
Vor dem Anrichten in Stücke schneiden.

Speck-Chips

4 Scheiben roher Bauernspeck	Den Backofen auf 170 Grad Ober- und Unterhitze vorheizen. Die Speckscheiben zwischen zwei Lagen Backpapier auf ein Backblech legen und mit einem zweiten Blech beschweren. Im vorgeheizten Ofen etwa 10 Minuten knusprig backen.

Anrichten

Frische Kräuter Blüten Safrannarben	Kräuter und Blüten mit etwas Dressing marinieren; Rezept für Dressing auf Seite 254, »Kräutersalat«. Die Kartoffelterrine in 1½ cm dicke Scheiben schneiden und in einer beschichteten Pfanne in wenig Olivenöl auf beiden Seiten goldgelb braten. Terrine, Stücke von der Petersilienwurzel und Tschagrun auf Tellern anrichten. Mit Speck-Chips, frischen Kräutern, Blüten und Safrannarben ausgarnieren.

Terrine von der Bergkartoffel
mit Safran und Tschagrun

Dinkel-Quarkpizokel mit Mangold, Zwiebelbröseln und Knusper-Chips

Dinkel-Quarkpizokel mit Mangold, Zwiebelbröseln und Knusper-Chips

Dinkel-Quarkpizokel

5 Eier
500 g Magerquark
8–10 Safrannarben, gemörsert
Salz, Pfeffer aus der Mühle
frisch geriebene Muskatnuss
300 g Dinkelmehl
20 g Butter
40 ml Sahne (Rahm)
60 g Alpkäse, gerieben

Die Eier und den Magerquark miteinander verrühren. Den Safran und die restlichen Gewürze beigeben. Das Mehl vorsichtig untermischen und die Masse 10 Minuten ruhen lassen. Ausreichend Salzwasser zum Kochen bringen. Die Teigmasse mit einem Esslöffel über die gewölbte Handfläche ziehen und mit dem Daumen aus dem Löffel ins kochende Salzwasser schieben. 2–3 Minuten aufkochen, bis die Pizokel an der Oberfläche schwimmen.
Mit einer Schaumkelle herausnehmen, etwas abtropfen lassen und in einer beschichteten Pfanne in der schäumenden Butter schwenken. Die Sahne steif schlagen und mit dem geriebenen Alpkäse unterziehen. Bei Bedarf nochmals abschmecken.

Mangold

Je 3 Blätter roter und grüner Mangold
Salz
Butter
Gemüsefond
Pfeffer aus der Mühle
Zucker

Den Mangold klein schneiden und in kochendem Salzwasser blanchieren. Sofort abschütten und im Eiswasser abschrecken, damit die Farbe erhalten bleibt. Den Mangold vor dem Anrichten mit etwas Butter und Gemüsefond erwärmen. Mit Salz, Pfeffer und Zucker abschmecken.

Zwiebelbrösel

100 g Toastbrot
50 g Zwiebeln, fein gehackt
50 g Butter

Den Backofen auf 120 Grad Ober- und Unterhitze vorheizen. Das Toastbrot ohne die Rinde grob reiben. Die fein gehackten Zwiebeln in der Butter glasig dünsten. Das Toastbrot dazugeben und im vorgeheizten Ofen goldgelb rösten.

Parmesan-Chips

60 g Parmesan, frisch gerieben

Den geriebenen Parmesan flach und kreisförmig in eine warme, beschichtete Pfanne streuen und bei mittlerer Hitze goldgelb braten.

Brot-Chips

8 hauchdünne Scheiben Baguette
geklärte Butter (Butterschmalz; siehe »Wissenswertes« Seite 207), ersatzweise Ghee

Den Backofen auf 150 Grad Ober- und Unterhitze vorheizen. Die Baguettescheiben mit geklärter Butter bepinseln und im vorgeheizten Ofen goldgelb rösten.

Knusprige Mangold-Chips

1 Mangoldblatt
Öl zum Frittieren (z. B. Sonnenblumenöl)

Den Strunk des Mangoldblatts entfernen, das Blatt in Rauten schneiden und im heißen Öl bei etwa 170 Grad frittieren.

Anrichten

Die fertigen Pizokel in tiefen Tellern anrichten. Den Mangold und die Zwiebelbrösel gleichmäßig darauf verteilen. Mit den verschiedenen Knusper-Chips ausgarnieren.

Wissenswertes

Pizokel ist eine Mehlspeise aus dem Kanton Graubünden. Die Herstellung ist sehr ähnlich wie bei Spätzle oder Knöpfle. Der Teig darf jedoch nicht geschlagen werden, die Zutaten werden nur miteinander vermischt.

Tarte Tatin von der Birne mit Safran und Vanilleeis

Vanilleeis

400 ml Milch
100 ml Sahne (Vollrahm)
1 Vanilleschote, das Mark ausgekratzt
5 Eigelb
80 g Zucker

Die Milch mit der Sahne und dem Vanillemark samt Schote kurz aufkochen lassen. Das Eigelb und den Zucker in einer Schüssel cremig rühren. Die aufgekochte Sahne-Milch-Mischung unter ständigem Rühren unter die Eigelbmasse rühren und alles zurück in den Topf geben. Bei schwacher Hitze unter ständigem Rühren mit einem Spatel vorsichtig erhitzen, bis eine Temperatur von höchstens 83 Grad erreicht ist und die Flüssigkeit bindet.
Die Creme sofort vom Herd nehmen und durch ein feines Sieb gießen. Danach in der Eismaschine gefrieren lassen.

Tarte Tatin

Für den bretonischen Zuckerteig:
120 g Butter
100 g Zucker
2 Eigelb
5 g Backpulver
1 Msp. Salz
150 g Mehl
Mehl für die Arbeitsfläche

Für den Karamellzucker:
150 g Zucker
Zitronensaft
50 ml Wasser
Butter für die Formen

Für den Belag:
4 reife Williams-Birnen
8 Safrannarben, gemörsert

Für den Teig die Butter mit dem Zucker schaumig rühren. Das Eigelb, das Backpulver und das Salz beigeben und gut verrühren. Das Mehl sieben, dazugeben und alles rasch zu einem Teig kneten. Den Teig 30 Minuten kalt stellen.
Den Teig vorsichtig auf einer bemehlten Arbeitsfläche ausrollen und Kreise von 10 cm ausstechen. Erneut kalt stellen.
Für den Karamellzucker den Zucker in einem Topf langsam goldbraun karamellisieren. Vom Herd nehmen und mit ein paar Spritzern Zitronensaft ablöschen. Gut rühren, das Wasser beigeben und aufkochen, bis das Karamell flüssig ist. In gebutterte Formen von 10 cm Durchmesser geben.
Für den Belag die Birnen schälen, halbieren und das Kerngehäuse entfernen. Die Birnen mit dem gemörserten Safran einreiben und 30 Minuten marinieren lassen.
Den Backofen auf 180 Grad Ober- und Unterhitze vorheizen.
Die halbierten Birnen in feine Scheiben schneiden und gleichmäßig auf dem Karamellzucker in den Formen auslegen. Mit dem Zuckerteig bedecken und im vorgeheizten Ofen 20–25 Minuten backen. Nach dem Backen kurz stehen lassen und noch heiß stürzen.

Pochierte Birnen

4 kleine, reife Williams-Birnen 350 ml Wasser 120 g Zucker 4 Safrannarben	Die Williams-Birnen schälen und das Kerngehäuse mit einem Kerngehäuseausstecher von unten ausstechen. Das Wasser mit dem Zucker und dem Safran aufkochen und die Birnen darin vorsichtig pochieren. Im Birnensud auskühlen lassen.

Anrichten

4 Pfefferminzspitzen 10 g Pistazien, gehackt	Die Tarte Tatin mit einer Nocke Vanilleeis und einer pochierten Birne auf einem Teller anrichten. Mit frischer Minze und klein gehackten Pistazien garnieren.

Tipp

Anstelle von reifen Birnen können auch Äpfel verwendet werden. Die beste Apfelsorte für die Tarte Tatin ist der Boskop.

Tarte Tatin von der Birne mit Safran und Vanilleeis

Anhang

Rezeptverzeichnis

Literaturverzeichnis

Abl, Friedrich: Über den Safran. Über Crocus sativus, dessen Anbau, Sorten u.s.w., Lotos, Zeitschrift für Naturwissenschaften 1855

Ahrazem, Oussama et al.: Crocus sativus pathogens and defence responses, Functional Plant Science & Biotechnology 2010

Akhondzadeh, Shahin et al.: Crocus sativus L. in the treatment of mild to moderate depression. A double-blind, randomized and placebo-controlled trial, Phytotherapy Research 2005

Alarm-Stern, Eva et al.: Metaphysis. Ritual, myth and symbolism in the Aegean Bronze Age, Aegaeum 39, 2016

Alfaro, Carmen, Tellenbach, Michael, Ortiz, Jonatan: Production and trade of textiles and dyes in the Roman Empire and neighbouring regions, International Symposium Purpureae Vestes IV, 2010

Al-Shafi, Ali Esmail: The Pharmacology of Crocus sativus. A Review, IOSR Journal Of Pharmacy 2016

Amanpour, Asghar et al.: GC-MS-olfactometric characterization of the most aroma-active components in a representative aromatic extract from Iranian saffron (Crocus sativus L.)., Food Chemistry 2015

Andabjadid, Samira Sameh et al.: Effects of corm size and plant density on saffron (Crocus sativus L.) yield and its components, International Journal of Agronomy and Agriculture Research 2015

Anjum, Nishat, Pal, Anita, Tripathi, Y. C.: Phytochemistry and pharmacology of saffron, the most precious natural source of colour, flavour and medicine, SMU Medical Journal 2014

Apicius: Das römische Kochbuch, Stuttgart 1991

Askandari, Reza et al.: Prioritization and ranking problems exporting Iranian saffron, International Journal of Academic Research in Business and Social Sciences 2013

Bathaie, S. Zahra et al.: Interaction of saffron carotenoids as anticancer compounds with ctDNA, oligo (dG.dC) and oligo (dA.dT), DNA and Cell Biology 2007

Bathaie, S. Zahra, Farajzadeh, Asghar, Hoshyar, Reyhane: A review of the chemistry and uses of crocins and crocetin, the carotenoid natural dyes in saffron, with particular emphasis on applications as colorants including their use as biological stains, Biotechnic & Histochemistry 2014

Behdani, Mohammad Ali, Al-Ahmadi, Majid Jami, Fallahi, Hamid-Reza: Biomass partitioning during the life cycle of saffron (Crocus sativus L.) using regression models, Journal of Crop Science and Biotechnology 2016

Bilek, Michael: Schutzwirkung von Safran auf H_2O_2-induzierte Zellschädigung in HepG2-Zellen, Wien 2010

Bitsch, Irmgard, Ehlert, Trude, von Erzdorff, Xenja: Essen und Trinken in Mittelalter und Neuzeit, Sigmaringen 1987

Blakolmer, Fritz: Body marks and textile ornaments in aegean iconography. Their meaning and symbolism, Aegaeum 33 2012

Bock, Hieronymus: New Kreütter Buch, Straßburg 1539

Bock, Hieronymus: Teutsche Speisskammer (oder was gesunden und kranken Menschen zur Leibesnahrung gegeben werden soll), Straßburg 1550

Botsoglou, Evropi et al.: Use of saffron (Crocus sativus L.) as a feed additive for improving growth and meat or egg quality in poultry, Functional Plant Science and Biotechnology 2010

Branca, F., Argento, S.: Evaluation of saffron pluriannual growing cycle in central Sicily, International Society for Horticultural Science 2010

Buchheister, G. A.: Handbuch der Drogisten-Praxis. Ein Lehr- und Nachschlagebuch für Drogisten, Farbwarenhändler usw., Berlin 1919

Busana, Maria Stella et al.: Textiles and dyes in the mediterranean economy and society, International Symposium Purpureae Vestes VI, 2016

del Campo, Priscila C. et al.: Effects of mild temperature conditions during dehydration procedures on saffron quality parameters, Journal of the Science of Food and Agriculture 2010

Caser, Matteo et al.: Arbuscular mycorrhizal fungi modulate the crop performance and metabolic profile of saffron in soilless cultivation, Agronomy 2019

Caballero-Ortega, Heriberto et al.: Chemical composition of saffron (Crocus sativus L.) from four countries, Acta horticulturae 2004

Chamkhi, Imane, Sbabou, Laila, Aurag, Jamal: Endophytic fungi isolated from Crocus sativus L. (saffron) as a source of bioactive secondary metabolites, Pharmacognosy Journal 2018

Chapini, Anne P.: Maidenhood and Marriage. The reproductive lives of the girls and women from Xeste 3, Thera, Aegean Archaeology 4, 1997–2000

Chermahini, Siavash Hosseinpour et al.: Impact of saffron as an anti-cancer and anti-tumor herb, African Journal of Pharmacy and Pharmacology 2010

Collister, Linda, Blake, Anthony: Le grand livre du pain. Pains, tartes et gâteaux, Paris 1994

Cullen, Tracey, Dey, Jo: Crocuses in context. A diachronic survey of the crocus motif in the Aegean Bronze Age, Journal of the American School of Classical Studies at Athens 2011

Dar, Fayaz Ahamad: Impact of cement industry on saffron (Crocus sativus), International Research Journal of Management Science & Technology 2017

Davis, Brent E.: Trade in goods between Crete and Egypt in the Minoan palace period (ca. 1950 – ca. 1490 BCE), School of Art, History, Cinema, Classics and Archeology, University of Melbourne 2006

Day, Jo: Counting threads. Saffron in Aegean Bronze Age writing and society, Oxford Journal of Archaelogy 2011

De Monte, Celeste et al.: New insights into the biological properties of Crocus sativus L. Chemical modifications, human monoamine oxidases inhibition and molecular modeling studies, European Journal of Medicinal Chemistry 2014

Dewan, Rachel: Bronze Age flower power. The Minoan use and social significance of saffron and crocus flowers, Chronica 5, 2015

Diaz, J. G., Salas, M. C., Guzman, M.: Soilless production of saffron (Crocus sativus L.), VII Congreso Iberico de Agroingenieria y Ciencias Horticolas 2013

Eder, Franz X.: Eros, Wollust, Sünde. Sexualität in Europa von der Antike bis in die frühe Neuzeit, Frankfurt/New York 2018

Engl, Richard: Safran, Schach und Sondersteuern. Arabisch-muslimische Lebensformen im Königreich Sizilien, in: Die Staufer und Italien. Drei Innovationsregionen im mittelalterlichen Europa, Stuttgart 2010

Ehrhardt, Mathilde: Großes Illustriertes Kochbuch für den einfachen bürgerlichen und den feineren Tisch. Zur Bereitung guter, schmackhafter und wohlfeiler Speisen, Getränke und Backwerke, Berlin 1902

Entering the U.S. saffron market. DACAAR/ICARDA/MAI National Workshop on Saffron, Herat 2006

Escribano, Julio et al.: Crocin, safranal and picrocrocin from saffron (Crocus sativus L.) inhibit the growth of human cancer cells in vitro, Cancer Letters 1996

Fallahi, Hamid-Reza et al.: Effects of drying temperature on colour parameters and secondary metabolites content in saffron, 7th national Concress on Medicinal Plants, University of Shiraz 2018

Fallahi, Hamid-Reza et al.: Effects of nutrients spraying on saffron stigma quality in a one-year-old field, Iranian Journal of Pharmaceutical Research 2019

Fallahi, Hamid-Reza, Mahmoodi, Sohrab: Impacts of water availability and fertilization management on saffron (Crocus sativus L.) biomass allocation, Journal of Horticulture and Postharvest Research 2018

Fallahi, Hamid-Reza et al.: Comparison of flowering and growth of saffron in natural and controlled culture systems, Iranian Journal of Pharmaceutical Research 2017

Falsini, Benedetto et al.: Influence of saffron supplementation on retinal flicker sensitivity in early age-related macular degeneration, Investigative Ophthalmology & Visual Sciences 2010

Farkhondeh, Tahereh, Samarghandian, Saeed: The effect of saffron (Crocus sativus L.) and its ingredients on the management of diabetes mellitus and dislipidemia, African Journal of Pharmacy and Pharmacology 2014

Fejfer, Jane, Moltesen, Mette, Rathje, Annette: Tradition. Transmission of Culture in the Ancient World, Acta Hyperborea, Danish studies in Classical Archaelogy 2015

Ferrence, Susan C., Bendersky, Gordon: Therapy with saffron and the goddess at Thera, Perspectives in Biology and Medicine 2004

Firoozi, Behnam et al.: In vitro indirect somatic embryogenesis and secondary metabolites production in the saffron. Emphasis on ultrasound and plant growth regulators, Journal of Agricultural Sciencies (Tarim Bilimleri Dergisi) 2019

Fischer, Josef: Ernährung im mykenischen Griechenland, Krakau 2017

Fischer-Rizzi, Susanne: Das Safran Kochbuch, Aarau 2000

Fock, Andrea, Niehaus, Monika: Opium fürs Volk. Natürliche Drogen in unserem Essen, Hamburg 2010

Foerster, Max: Handbuch für den Kolonialwaren-, Lebensmittel- und Feinkosthandel. Ein Lehr- und Nachschlagewerk für alle Zweige der Branche, Nordhausen 1930

Freedman, Paul: Essen. Eine Kulturgeschichte des Geschmacks, Darmstadt 2007

Fuhrmann, Bernd: Mit barer Münze. Handel im Mittelalter, Darmstadt 2010

Furlenmeier, Martin: Kraft der Heilpflanzen, Zürich 1979

Gambella, Filippo, Manuello, Andrea A., Paschino, F.: Perspectives in the mechanization of saffron (Crocus sativus L.), International Journal of Mechanics and Control 2013

Ghaffari, Seyed Mahmood, Bagheri, Abdolreza: Stigma variability in saffron (Crocus sativus L.), African Journal of Biotechnology 2010

Goldschmidt, Cläre: Die Weihrauchstraße. Zur Geschichte des ältesten Welthandelsweges, Abhandlungen der Naturhistorischen Gesellschaft Nürnberg 1970

Gomez-Gomez, Lourdes et al.: Saffron and other spices as potential allergenic sources, Functional Plant Sciences and Biotechnology 2010

Gomez-Gomez, Lourdes, Rubio-Moraga, Angela, Ahrazem, Oussama: Understanding carotenoid metabolism in saffron stigmas. Unravelling aroma and colour formation, Functional Plant Sciences and Biotechnology 2010

Gottschalk, Alfred: Histoire de l'alimentation et de la gastronomie depuis la préhistoire jusqu'à nos jours, 2 Bde, Paris 1948

Gresta, F. et al.: Analysis of flowering, stigmas yield and qualitative traits of saffron (Crocus sativus L.) as affected by environmental conditions, Scienta Horticulturae 2008

Gresta, F. et al.: Effect of mother corm dimension and sowing time on stigma yield, daughter corms and qualitative aspects of saffron (Crocus sativus L.) in a mediterranean environment, Journal of the Science of Food and Agriculture 2008

Gresta, F. et al.: Saffron, an alternative crop for sustainable agricultural systems. A review, Agronomy for Sustainable Development 2007

Grilli, Caiola Maria, Canini, Antonella: Looking for saffron's (Crocus sativus L.) parents, Functional Plant Science and Biotechnology 2010

Groß, Jasmina: Der Einfluss des Handels auf das Leben im Mittelalter – am Beispiel des Gewürzhandels und seiner Wirkung auf Ernährung und Medizin, Wien 2016

Habs, Robert, Rosner, L.: Appetit-Lexikon. Ein alphabetisches Hand- und Nachschlagebuch über alle Speisen und Getränke. Zugleich Ergänzung eines jeden Kochbuchs, Wien 1894
Hager, Hermann: Commentar zur Pharmacopoea Germanica, 1. Band, Berlin/Heidelberg 1883
Hahn, Fabian Ambros: Safran im Einzelhandel – Fälschung oder nicht? Eine dünnschichtchromatographische Untersuchung, Kulmbach 2018
Halvorson, Sarah: Saffron cultivation and culture in central Spain, Focus on Geography 2008
Hänsel, Rudolf, Sticher, Otto: Pharmakognosie – Phytopharmazie, München 2007
Hehn, Victor: Kulturpflanzen und Hausthiere in ihrem Übergang aus Asien nach Griechenland und Italien sowie in das Übrige Europa, Berlin 1894
Heidarbeigi, K. et al.: Flavour characteristics of Spanish and Iranian saffron analysed by electronic tongue, Quality Assurance and Safety of Crops & Foods 2016
Henss, Rita: Safran, Wien 2017
Hildebrand, Caz: Basar der Düfte. Eine Reise durch die Welt der Gewürze, München 2018
Gartler, Ignatz, Hikmann, Barbara: Wienerisches bewährtes Kochbuch in sechs Absätzen. Enthält tausend sechshundert Kochregeln für Fleisch- und Fasttäge alle auf das deutlichste und gründlichste beschrieben nebst einem Anhange in fünf Abschnitten, Wien 1797
Hofmann, Regine: Färberpflanzen und ihre Verwendung in Österreich, Wien 1992
Hosseinzadeh, H., Ziaee, T., Sadeghi, A.: The effect of saffron, Crocus sativus stigma, extract and its constituents, safranal and crocin on sexual behaviors in normal male rats, Phytomedicine, International Journal of Phytotherapy and Phytopharmacology 2007
Hunziker, René, Klasna, Eva: Safran. Königin der Pflanzen, Purbach am Neusiedlersee 2004
Husaini, Amjad Masood: Challenges of climate change. Omics-based biology of saffron plants and organic agricultural biotechnology for sustainable saffron production, GM Crops & Food 2014
Husaini, Amjad Masood et al.: Saffron (Crocus sativus kashmirianus) cultivation in Kashmir. Practices and problems, Functional Plant Science and Biotechnology 2010
Husaini, Amjad Masood et al.: Sustainable saffron (Crocus sativus kashmirianus) production. Technological and policy interventions for Kashmir, Functional Plant Science and Biotechnology 2010
Jaliani, Hossein Zarei et al.: The effect of the Crocus sativus L. carotenoid, crocin, on the polimerization of microtubules, in vitro, Iranian Journal of Basic Medical Science 2013
Jha, Sadan: Challenges in the history of colours. The case of saffron, The Indian Economic and Social History Review 2014
Jossen, Erwin: Der Munder Safran und die weltweite Bedeutung dieser Krokuspflanze, Naters 2004
Khayyat, Mehdi et al.: Effects of corm dipping in salicylic acid or potassium nitrate on growth, flowering, and quality of saffron, Journal of Horticultural Research 2018
Karimi, Ehsan et al.: Evaluation of Crocus sativus L. stigma phenolic and flavonoid compounds and its anti-oxidant activity, Molecules 2010
Katzer, Gernot, Fansa, Jonas: Picantissimo. Das Gewürzhandbuch, Berlin 2011
Keller, Urs Oskar: Echter Safran (Crocus sativus). Ein Duft, der keinem anderen gleicht, Schweizer Garten 2018
Kia, Mehrdad: The Persian Empire. A historical encyclopedia, Santa Barbara 2016
Kiani, Sajadi, Minaei, Saeid, Ghasemi-Varnamkhasti, Mahdi: A portable electronic nose as an expert system for aroma-bases classification of saffron, Chemometrics and Intelligent Laboratory Systems 2016
Koch, Alois: Handbuch der deutschen Arzneipflanzen, Berlin 1939
Koocheki, Alireza et al.: Effects of humic acic application and mother corm weight on yield and growth of saffron (Crocus sativus L.), Journal of Agroecology 2016

Koocheki, Alireza et al.: The study of saffron (Crocus sativus L.) replacement corms growth in response to planting date, irrigation management and companion crops, Saffron Agronomy and Technology 2015
Kronfeld, Ernst Moritz: Geschichte des Safrans und seiner Cultur in Europa, Wien 1892
Kumar, Rakesh et al.: State of art of saffron (Crocus sativus L.) agronomy. A comprehensive review, Food Reviews International 2009
Letsch, Walter: Ein schön Kochbuch 1559. Das älteste deutschsprachige Kochbuch der Schweiz, Chur 2018
Licon, Carmen C. et al.: Potential healthy effects of saffron spice (Crocus sativus L. stigmas) consumption, Semantic Scholar 2010
Lonar, Sanja et al.: Eine Prise Weisheit. Das Geheimnis der Heilkraft der Gewürze, Gelnhausen 2014
Lonitzer, Adam: Kreuterbuch, Frankfurt 1557
Lozano, P. et al.: A non-destructive method to determine the safranal content of saffron (Crocus sativus L.) by supercritical carbon dioxide ecxtraction combined with high-performance liquid chromatography and gas chromatography, Journal of Biochemical and Biophysical Methods 2000
MacAller, Natasha: Spice. Die Kraft der Gewürze, München 2017
Maggi, Luana et al.: Saffron flavor. Compounds involved, biogenesis and human perception, Semantic Scholar 2010
Maggi, Luana et al.: Rapid determination of safranal in the quality control of saffron Spice (Crocus sativus L.), Food Chemistry 2011
Maggio, A. et al.: Soilless cultivation of saffron in mediterranean environment, Acta Horticultarae 2006
Marangoni, Dario et al.: Functional effect of saffron supplementation and risk genotypes in early age-related macular degeneration. A preliminary report, Journal of Translation Medicine 2013
Marieschi, Matteo, Torelli, Anna, Bruni, Renato: Quality control of saffron (Crocus sativus L.). Development of SCAR markers for the detection of plant adulterants used as bulking agents, Journal of Agricultural and Food Chemistry 2012
Marinatos, Nanno: Akrotiri, Thera and the East Mediterranean, Journal of Ancient Egyptian Interconnections 2015
Mashmoul, Maryam et al.: Saffron. A natural potent antioxidant as a promising anti-obesity drug, Antioxidants 2013
Masi, Elisa et al.: PTR-TOF-MS and HPLC analysis in the characterization of saffron (Crocus sativus L.) from Italy and Iran, Food Chemistry 2015
Mayer, Susanna, Sproll, Constanze, Lachenmeier, Dirk W.: »Safran macht den Kuchen gehl« – Ist der Safran auch echt? Untersuchung von Safran auf seine Echtheit, Karlsruhe 2016
Meier, Eugen A.: Das süße Basel, Basel 1973
Melnyk, John P., Wang, Sunan, Marcone, Massimo F.: Chemical and biological properties oft the world's most expensive spice: saffron, Food Research International 2010
Miedaner, Thomas: Genusspflanzen, Berlin 2018
Moeller, J.: Mikroskopie der Nahrungs- und Genussmittel, Berlin/Heidelberg 1905
Moghaddam, Parviz Rezvani et al.: Effects of chemical and organic fertilizers on number of corm and stigma yield of saffron (Crocus sativus), Journal of Medicinal Plant and Natural Product Research 2011
Moll, Felizitas: Einfluss von Safran auf Zellvitalität und DNA-Stabilität von HepG2-Zellen, Wien 2010
Morel, Andreas: Basler Kost. So kochte Jacob Burckhardts Großmutter, Basel 2000
Mousavi, Bentolhoda et al.: Safety evaluation of saffron stigma (Crocus sativus L.) aqueous extract and crocin in patients with schizophrenia, Avicecenna Journal of Phytomedicine 2015

Mousavi, Seyedeh Zeinab, Bathaie, Seyedeh Zahr: Historical uses of saffron. Identifying potential new avenues for modern research, Avicenna Journal of Phytomedicine 2011

Nehvi, F. A. et al.: Comparative study on effect of nutrient management on growth and yield of saffron under temperate conditions of Kashmir, Semantic Scholar 2010

Nemes, Csaba Nikolaus: Der Mohn in der bildenden Kunst und Literatur, Überlingen o. J.

Olivieri, Orazio: Lo Zafferano di San Gimignano. Storia, Arte, Gastronomia, Mailand 2007

Ottersbach, Georg, Buchheister, G. A.: Vorschriftenbuch für Drogisten. Die Herstellung der gebräuchlichsten Verkaufsartikel, 2. Band, Hamburg 1919

Ordoudi, Stella A., Tsimidou, Maria Z.: Saffron quality. Effect of agricultural practices, processing and storage, Production Practices and Quality Assessment of Food Crops 2004

Page, Karen, Dornenburg, Andrew: Das Lexikon der Aromen- und Geschmackskombinationen, Aarau/München 2012

Paliou, Eleftheria, Wheatley, David, Earl, Graeme: Three-dimensional visibility analysis of architectural spaces. Iconography and visibility of the wall paintings of Xeste 3 (late Bronze Age Akrotiri), Journal of Archaelogical Science 2011

Parray, Javid A. et al.: In vitro cormlet production of saffron (Crocus sativus L. kashmirianus) and their flowering response under greenhouse, GM Crops and Food, Biotechnology in Agriculture and the Food Chain 2012

Petrak, Ulrich: Praktischer Unterricht den Niederösterreicher Safran zu bauen, Wien/Prag 1797

Piccardi, M. et al.: A longitudinal follow-up study of saffron supplementation in early age-related macular degeneration. Sustained benefits to central retinal function, Evidence Based Complementary and Alternative Medicene 2012

Premkumar, Kumpati, Ramesh, Arabandi: Anticancer, antimutagenic and antioxidant potential of saffron. An overview of current awareness and future perspectives, Semantic Scholar 2010

Prentner, Angelika: Bewusstseinsverändernde Pflanzen von A–Z, Wien 2010

Quadri, Rumisa Rafiq et al.: In vitro studies on cormogenesis and maximization of corm size in saffron, Funcitional Plant Sciences and Biotechnology 2010

Rahmani, Arshad Husain, Khan, Amjad Ali, Aldebasi, Yousef Homood: Saffron (Crocus sativus) and its active ingredients. Role in the prevention and treatment of disease, Pharmacognosy Journal 2017

Rinkenburger, Claudia: Kräutervortrag, Insel Mainau 2014

Rosenkranz, Paul: Geschichte der Zunft zu Safran Luzern 1400–2000, Luzern 2006

Rösner, Julian: Speisen und Getränke zu Zeiten des Konstanzer Konzils. Nahrungsmittel als Zeichen der Verflechtung von Umwelt, Politik und Kultur, Mensch-Natur-Wechselwirkungen in der Vormoderne, Beiträge zur mittelalterlichen und frühneuzeitlichen Umweltgeschichte 2016

Roth, Johann Ferdinand: Geschichte des Nürnbergischen Handels, Leipzig 1802

Rubio-Moraga, Angela et al.: Triterpenoid saponins from corms of Crocus sativus. Localization, extraction and characterization, Industrial Crops and Products 2011

Saeidirad, M. H., Sharayei, P., Zarifneshat, S.: Effect of drying temperature, air volocity and flower types on dried saffron flower quality, Agricultural Engineering International, CIGR Journal 2014

Sajid, Ali et al.: Modulation of amyloid fibril formation of plasma protein by saffron constituent »safranal«: spectroscopic and imaging analyses, International Journal of Biological Macromolecules 2019

Sanchez Gomez, Ana Maria: El azafran en Aragon. Puesta en valor de la calidad, Centro de Investigacion y Technologia Agroalimentaria de Aragon 2014

Schaper, Michael: Das alte Persien. Die Geschichte eines Weltreichs – von der Antike bis zur Blüte unter den Muslimen. 550 v. Chr.–1722 n. Chr., Geo Epoche, Das Magazin für Geschichte 2019

Sarwat, Maryam, Sumaiya, Sajida: Saffron the age-old panacea in a new light, Uttar Pradesh 2020
Schormüller, J.: Alkoholhaltige Genussmittel, Gewürze, Kochsalz, Berlin/Heidelberg/New York 1970
Schubiger, Albert A.: Der Safranhandel im Mittelalter und die Zünfte zu Safran in Basel, Zürich und Luzern, Luzern 1956
Schuhmann, Kristin: Die Schöne und die Biester. Die Herrin der Tiere im bronzezeitlichen und früheisenzeitlichen Griechenland, Heidelberg 2009
Schulz, Raimund: Abenteuer der Ferne. Die großen Entdeckungsfahrten und das Weltwissen der Antike, Stuttgart 2016
Segnit, Niki: Der Geschmacksthesaurus. Ideen, Rezepte und Kombinationen für die kreative Küche, Berlin 2017
Serrano-Diaz, Jéssica : Increasing the applications of Crocus sativus flowers as natural antioxidants, Journal of Food Science 2012
Shahmansouri, Nazila et al.: A randomized, double-blind, clinical trail comparing the efficacy and safety of Crocus sativus L. with fluoxetine for improving mild to moderate depression in post percutaneous coronary intervention patients, Journal of Affective Disorders 2013
Shahnawaz, Mohd et al.: An attempt of in vivo cultivation of Crocus sativus L. in western Maharashtra, India, International Journal of Advanced Research 2017
Siebert, Michael: Kult und Göttlichkeit in den Wandmalereien von Akrotiri, PDF 2014
Simons, Emily: Thinking about Thera. A re-interpretation of the wall paintings in Xeste 3, Aegeus, Society for Aegean Prehistory 2016
Singla, Rajeev K., Giliyaru, Varadaraj Bhat: Crocin. An overview, Indo Global Journal of Pharmaceutical Sciences 2020
Skinner, Margaret et al.: Effect of corm size on saffron (Crocus sativus) flowering and yield, Vermont 2019
Spahni, Jean-Christian, Bruggmann, Maximilien: Die Gewürzstrasse, Zürich 1991
Spycher, Albert: Back es im Öfelin oder in der Tortenpfann. Fäden, Kuchen, Fastenwähen und anderes Gebäck, Basel 2008
Stella, Alain: Le Livre des Epices, Paris 1998
Stille, Günther: Krankheit und Arznei. Die Geschichte der Medikamente, Berlin/Heidelberg 1994
Struckmeier, Sabine: Die Textilfärberei vom Spätmittelalter bis zur frühen Neuzeit. Eine naturwissenschaftlich-technische Analyse deutscher Quellen, Münster 2011
Stunder-Plassmann, Heike Edith: Safran. Phytologie, Inhaltsstoffe, Produktion, Verarbeitung, Verwendung, Qualität, Vermarktung, Saarbrücken 2009
Tabernaemontanus Jacobus Theodorus: New Kreuterbuch, Frankfurt am Main 1588
Tannahill, Reay: Kulturgeschichte des Essens. Von der letzten Eiszeit bis heute, München 1979
Taschée, Simone, Postmann, Klaus: Das große Gewürzbuch, Wien 2017
Tangl, Andreas: Pfeffer und Safran. Zwei besondere Ingredienzen mittelalterlicher Kochrezepttexte, Graz o. J.
Tarantilis, Petros A., Polissiou, Moschos G.: Isolation and identification of the aroma components from saffron (Crocus sativus), Journal of Agricultural and Food Chemistry 1997
Temperini, Olindo et al.: Evaluation of saffron (Crocus sativus L.) production in Italy. Effects of the age of saffron fields and plant density, Journal of Food Agriculture and Environment 2009
Trommsdorf, Johann Bartholomäus: Kallopistria, oder Kunst der Toilette für die elegante Welt, Erfurt 1805
Tzachili, Iris, Edmonds, J. M.: The baskets of the crocus-gatherers from Xeste 3, Akrotiri, Thera, British School of at Athens Studies 2005
Unverfehrt, Gerd: Wein statt Wasser. Essen und Trinken bei Jheronimus Bosch, Göttingen 2003

Vlachopoulos, Andreas G.: The wall paintings from the Xeste 3 building at Akrotiri, Thera. Towards an interpretation of its iconographic programme, Horizon, A colloquium on the prehistory of the Cyclades 2008

von Paczensky, Gert, Dünnebier, Anna: Leere Töpfe, volle Töpfe. Die Kulturgeschichte des Essens und Trinkens, München 1994

Wang, Yang et al.: Fingerprint and hierarchical cluster analysis of Crocus sativus L. from different locations in China, Chromatographia 2009

Weber, T. T.: Universal-Lexikon der Kochkunst, 2. Band, Leipzig 1886

Whitfield, Susan: Die Seidenstraße. Landschaften und Geschichten, Darmstadt 2019

Woolgar, C. M., Serjeantson, D., Waldron, T.: Food in medieval England. Diet and nutrition, Oxford/New York 2009

Yaghoubi, F. et al.: Comparison of the environmental indicators of phosphorus efficiency and the balance between saffron and wheat production systems in the Qaenat region, Iran, Pollution 2015

Der besseren Übersichtlichkeit halber sind die in wissenschaftlichen Zeitschriften erschienenen Beiträge ohne Angabe der Heftnummer und Seitenzahlen aufgeführt. Sie sind mit den vorliegenden Angaben problemlos elektronisch auffindbar.

BILDVERZEICHNIS

Sämtliche Fotos stammen von Stefan Zürrer mit Ausnahme der folgenden Abbildungen:

Seite 22: alamy, stock photos, vectors and videos

Seite 34: Petrak Ulrich, Praktischer Unterricht den Niederösterreicher Safran zu bauen, Wien, Prag, 1797, Stiftsbibliothek Stift Melk, Melk

Seite 37: alamy, stock photos, vectors and videos

Seite 43: Überfall bei der Burg Neu-Falkenstein, Darstellung aus dem 19. Jahrhundert von Historienmaler Karl Jauslin (1842-1904), Muttenz

Seite 46: alamy, stock photos, vectors and videos

Seite 55: Pulverordnung, Mitte 15. Jahrhundert, Zunft zu Safran, Luzern

Seite 78: Bild aus dem spätgotischen Musterbuch des Stephan Schriber (1440-1495) Bayerische Staatsbibliothek München, Cod.icon. 420, fol. 24r

Seite 84: alamy, stock photos, vectors and videos

Seite 90: alamy, stock photos, vectors and videos

Seite 110: Shutterstock

Seite 118: Shutterstock

Seite 132: Urs Durrer

Seite 153: Bild 1, Urs Durrer

Seite 179: Ein schön Kochuch 1559, Staatsarchiv Graubünden, Chur

AT Verlag, Aarau und München
Fotos: Stefan Zürrer, zuerrer.swiss
Lektorat: Nicola Härms, Rheinbach
Grafische Gestaltung und Satz: Patricia Schwarzenbach, Zollikon
Druck und Bindearbeiten: Printer Trento, Trento
Printed in Italy

ISBN 978-3-03902-080-5

www.at-verlag.ch

Der AT Verlag wird vom Bundesamt für Kultur mit einem
Strukturbeitrag für die Jahre 2016 bis 2020 unterstützt.